趣话通信

6G的前世、今生和未来

张林峰◎著

清华大学出版社

北京

内 容 简 介

本书作为科普读物，在内容上尽可能简明扼要，尽量让非专业人士也能有通俗易懂的读感。全书共 10 章。第 1 章介绍了沟通交流在人类社会竞争发展中的重要作用，以及农业社会、工业社会中的沟通方式。第 2 章介绍了互联网的诞生和发展。第 3 章主要介绍了作为无线通信基础的电波。第 4、5 章主要介绍 5G 的作用，同时对中国、美国、日本等国的 5G 通信概况进行了分析和简要阐述。第 6 章介绍 5G 之后各国已经开启研发竞争的 6G 技术。第 7 章介绍未来大数据、人工智能、脑机接口、生物医疗技术、量子技术应用等技术的发展。第 8 章主要讲述包含通信在内的人类生活过程中能源的重要性和有线通信的作用。第 9 章幻想"6G+"时代的生活方式。第 10 章畅想未来高超技术发展，以及这些技术如何赋能人类。

本书适合具有高中以上学历，对通信行业感兴趣，想了解在 5G 方面中美科技战焦点信息，或对未来科幻世界有浓厚兴趣的人士阅读。

图书在版编目（CIP）数据

趣话通信：6G的前世、今生和未来 / 张林峰著. —北京：清华大学出版社，2024.6

ISBN 978-7-302-66134-4

Ⅰ. ①趣… Ⅱ. ①张… Ⅲ. ①通信工业 Ⅳ. ①TN91

中国国家版本馆CIP数据核字(2024)第085662号

责任编辑：杜　杨　申美莹
封面设计：杨玉兰
版式设计：方加青
责任校对：徐俊伟
责任印制：杨　艳

出版发行：清华大学出版社
　　　　网　　　址：https://www.tup.com.cn，https://www.wqxuetang.com
　　　　地　　　址：北京清华大学学研大厦A座　　　邮　编：100084
　　　　社 总 机：010-83470000　　　　　　　　邮　购：010-62786544
　　　　投稿与读者服务：010-62776969，c-service@tup.tsinghua.edu.cn
　　　　质 量 反 馈：010-62772015，zhiliang@tup.tsinghua.edu.cn
印 装 者：小森印刷（北京）有限公司
经　　销：全国新华书店
开　　本：148mm×210mm　　　印　　张：9　　字　数：194千字
版　　次：2024 年 6 月第 1 版　　　印　　次：2024 年 6 月第 1 次印刷
定　　价：79.00 元

产品编号：104579-01

业界推荐

社会存在的本质，就是沟通。2021 年开启了人类的元宇宙时代，元宇宙中的人类活动较之前会有很大的不同。由于 5G，乃至 6G 通信技术的演进，构建了无处不在、无时不在的连接条件，使得人与人、人与物之间产生了空前的连接关系，这种关系，将引领人类社会从实物状态开始走向虚拟形态。

——韦在胜，航电产业股权投资基金管理有限公司董事长，中兴新云服务有限公司董事长，深圳兴维投资有限公司董事长

本书的主题是"交流"，但本书的作者以非常动态的方式纵向和横向扩展讨论，使其与众不同。市面上关于各种通信技术的书籍已经有了很多，但从来没有人讨论过为什么通信对人类文明如此重要，而且未来将会更加重要。

本书讲述了人类文明赖以发展的通信历史，以及未来新的通信技术将很快给人类社会带来的巨大发展潜力。它还讨论了支撑现在和未来通信技术的各种其他技术，如数据处理、人工智能、电子生物和能源问题等。

本书作者在中国、日本等世界各国，长期积极投身于通信业务，不仅从业务上，而且从哲学观点上，似乎始终可以观察到通信技术的价值。

——松本徹三，美国高通公司原高级副总裁，
日本软银集团首席战略官

作者关注科技发展，深刻思考研究，笔耕不怠。本人对《趣话通信：6G 的前世、今世和未来》先期版阅读学习后，非常喜欢。该书有四个鲜明的特点。第一，通俗易懂，简洁明了，作者将浩瀚的人类通信历史，从古代的烽火传信，到现在的 5G，未来的 6G+，几笔勾勒，图像清晰，读者在阅读中可以轻松学习；第二，涵古茹今，包罗万象，从远古人类的共同母亲露西，到现在某些英国人认为新型冠状病毒感染由 5G 导致的可笑故事，人类未来发展，就在他的笔下娓娓道来；第三，东西荟萃，世界眼光，作者负责通信公司的海外业务，长期在国外工作，具世界眼光，远大开阔，他对 5G、6G 在世界各国和中国的研发，如数家珍，对重要技术，有自己的具有世界视野的看法；第四，畅想开放，同时感觉到作者在具体工作中认真钻研，科学严谨，从电磁波的基本原理讲到通信技术，许多复杂的技术都被作者用通俗的语言清楚地介绍，有些重要的资料，还给出了列表，或许对专业研发人员都十分重要。同时，作者有科学家的好奇和创新，对人脑科学、人工智能、量子信息、生物医疗和未来的人类社会发展广泛涉猎，大胆预测。阅读本书是一种享受，在学习知识的同时头脑风暴，

获得启发和产生创造。我积极向广大读者推荐。

　　——龙桂鲁，清华大学物理系教授，亚太物理学会联合会前理事长

　　作者从交流沟通即广义的通信这个角度入手，讲述了通信对人类文明进步发展的作用，即通过沟通交流增加了解，增进感情，进而产生美妙灵感。正如我们高净值研究院也在促进高净值企业家学员们的多维度交流，并在沟通方面做了大量务实工作，其实这和广义的通信有着异曲同工的内涵。我觉得《趣话通信：6G 的前世、今生和未来》的原旨是通过近代通信简史阐述广义通信在多维度交流和沟通中的重要性，但我们也不难看出作者的真实意图，期待未来尖端的通信技术通过高效率的沟通交流能促进世界和平，并对建设人类命运共同体做出应有的贡献！

　　——袁友玮，高净值研究院家族传承学院院长

　　本书客观地记录了全球移动通信的发展历史，讲述了移动通信给人类的生活带来的巨大变化，并从 5G 的潜力和可改进点切入，展现了万物智能时代的 6G 总体愿景及其技术挑战，为我们展现了未来 10 年无线通信的新图景。本书可作为 5G、6G 研发人员的参考书，高校研究生的启蒙教材，也可作为企业布局未来与移动通信相关业务的参考以及对未来通信系统等领域感兴趣的读者阅读。

　　——孙江平，中国联通北京分公司战略客户部行业总经理

　　人类不同于其他地球动物之处，在于具有鸟瞰历史和未来的

好奇心与能力。作者以宏大、生动的叙事方式，从文明史角度阐述了信息时代到来之必然，又以信息专家的专业视角展望了未来：5G改变社会，而6G改变人类！我们每个人都站在信息时代新的起点上，通过本书可以窥视技术的未来，并以此设计自己的未来。

——朱建荣，日本东洋大学教授，著名评论家，
曾长期担任日本华人教授会代表（2003年1月—2013年4月）

作者历经三四个月的笔耕，完成了新著《趣话通信：6G的前世、今生和未来》。全书共10章，从第1章的"回顾人类沟通史"到第10章的"高超的沟通方式会如何赋能人类呢"，章节紧凑有趣，沟通的演变循序渐进，知识涉猎广泛，堪比一本科普大全，既顾及了需要吸收基础知识的科普受众，也有关于技术发展的专业深度描绘，内容生动，风格幽默，极有情趣，在现在的快读时代，是让人难以放手的读物，有种年少时拿到新的一本《十万个为什么》后忘却一切、一气读完的淋漓畅快感。

作者是某知名通信设备公司管理人员，毕业于清华大学物理系，后进入东京工业大学完成研究生深造，也是一个难得的写得一手好诗的理工男。在书中有关麦克斯韦语言的部分中看到了有关麦克斯韦的诗，仿佛和描述着人类沟通史、通信的诞生和发展、网络、量子、人工智能以及从1G到5G，畅想到6G+的世界的作者的宏大思维重合在了一起。

书墨香已翘首，清风出袖待明月。

——黄莺，全球知名会计事务所普华永道（PWC）中国部主任

前　言

移动互联网的出现改变了人类的沟通方式。如果你用百度翻译（或者谷歌翻译）把中文的"交流"和"沟通"翻译成英文的话，你会得到同一个英文单词：communicate。再翻译一下"通信"，你会看到这么一个英文单词：communication。其实，"交流""沟通""通信"在英文中都是同一个意思，都是指两个人或多个人之间的物质，其实更多的是思想、思维这样的"信息"通过人体可以感受的方式相互传授。语言当然是最常用的，人们通过嘴巴讲出来，通过耳朵听进去，去理解对方的意图，了解对方的想法。后来也有了听起来很高级又很摩登（现代）的说法："通信"。

20世纪90年代开始，地球上出现了一个新的名词——"互联网"，顾名思义，就是互相连接的网络。正是这个互联网让信息忽略了国界，可以全球化地流通，极大地改变了人类的沟通方式和效率，也造就了美国的GAFA（Google，Amazon，Facebook，Apple）、中国的BATH（Baidu，Alibaba，Tencent，Huawei）

这样的世界级大公司。人们的日常生活中或多或少地在使用着这些公司的产品或服务，像现在的中国人一日不用微信，就好像丢了魂似的，这是为什么呢？因为只要是人，就会渴望"交流"和"沟通"！

软银集团董事长孙正义起家的口号是"用信息革命技术来使人们活得幸福！"

日本互联网的象征性人物当之无愧应该是日本软银的创始人兼董事长孙正义先生！在1981年孙正义连加州大学的学位仪式都不参加急匆匆地返回日本开始创业时，在日本福冈的小楼前，站在桔子箱子上的孙正义，第一次面对自己的两名员工训话："我们公司的销售额今后要像数豆腐似的1兆、2兆地数……"（日文里面的一块豆腐中的"一块"，发音和1兆一样，1兆日元即1万亿日元，约合100亿美元），孙正义先生激情高昂地讲了2小时。第二天仅有的这两名员工就再也没有来上班，另谋高就去了，还放话说："我们社长（老板）的脑袋进水了！"

然而，孙正义先生正是信息革命时代的弄潮儿！

他的企业宗旨就是"用信息革命技术来使人们活得幸福！"

他率领的软银集团在信息革命的互联网时代投资了雅虎（Yahoo）、阿里巴巴，收购了ARM、日本Line，创办了千亿美元的一轮又一轮的愿景投资（Softbank Vision Fund，SVF）……

在本书的写作过程中得到了以下学者和企业高管的特别鼓励，在此深表特别感谢。

村井纯：庆应大学教授，工学博士，被誉为"日本互联网之父"。长期担任日本软银集团孙正义先生的顾问。

　　湧川隆次：庆应大学特任教授，工学博士。现担任日本软银集团副总裁，负责先进技术研究工作。

　　感谢清华大学出版社给予本书的出版机会和许可，深深感谢在笔者写作过程中给予指导和帮助的学者、专家。

　　本书献给热爱和平，愿意一起携手共进，创造更加辉煌宇宙人类史的读者！

　　感谢以下人员在本书写作过程中给予笔者的指导和帮助：

　　——中国科协信息与通信科学交流专家团队首席专家　张新生博士

　　——美国高通公司原高级副总裁，日本软银集团首席战略官　松本徹三

　　——清华大学物理系教授，亚太物理学会联合会前理事长　龙桂鲁教授

　　——航电产业股权投资基金管理有限公司董事长，中兴新云服务有限公司董事长，深圳兴维投资有限公司董事长　韦在胜先生

　　——红山集团董事长　赵先明博士

　　——CloudMinds 创始人、总裁　黄晓庆博士

　　——中兴通讯首席科学家　向际鹰博士

　　——中兴通讯无线专家　郑黎明博士

　　习近平总书记说："农业革命增强了人类生存能力，使人类从采食捕猎走向栽种畜养，从野蛮时代走向文明社会。工业革命拓展了人类体力，以机器取代了人力，以大规模工厂化生产取代

了个体工场手工生产。而信息革命则增强了人类脑力，带来了生产力又一次质的飞跃，对国际政治、经济、文化、社会、生态、军事等领域发展产生了深刻影响。"

中国移动前总裁李跃先生在巴塞罗那世界移动通信大会上曾经说过：4G 改变生活，5G 改变社会！

那么 6G 呢，6G+ 呢？

声明：本书部分图片来自互联网，图片的著作权归原作者所有。

本书回顾沟通、通信历史，讲述移动通信的 5G、6G 技术，展望 6G+ 时代人类的技术革新，以及技术如何来改变人类生活方式和活动范畴！

为了人类更辉煌的未来，

由人类自己的睿智，

来改变人类自己！

作者简介

张林峰，曾就职于国内某通讯设备厂商，从事通讯行业25年。清华大学物理系毕业后留学日本，从东京工业大学研究生院高能物理专业毕业后曾服务于软银集团，负责设计全球第一个大规模商用 IPTV 系统。

目　　录

第7章　"6G+" 时代的关键技术突破　163

第 1 章
回顾人类沟通史

1.1　智人的出现

几百万年前的非洲是人类诞生的摇篮。

1.1.1　人类共同的母亲露西

图 1-1 为露西。

大约在距今三四百万年前，在当今非洲的埃塞俄比亚境内，一只母人猿生了两只女娃：

图 1-1　露西
图片源自互联网

一只为无名氏猴，被认为是现在地球上的黑猩猩的祖先，其子孙都是猩猩，至今仍在地球上繁衍生息；

另外一只考古学家给她取了一个名字，露西。虽然目前我们还不知道是什么样的遗传突变使得露西可以直立行走，而能否直立行走就是人属动物（人）和猴子（及其他动物）的分水岭。根据生物遗传学家的人类线粒体研究，露西被公认为是可以直立行走的所有人类的祖先。

考古学家发现露西生过孩子，活了二十多岁。露西的脑容量只有 400 多毫升，相当于现代人类七八个月的婴儿的脑容量，如果以脑容量来计算智商的话，露西的智商估计也只是现代人类的还在嗷嗷待哺的婴儿的智商水平，虽然笔者希望露西的智商至少也是现在的小学生的智商水平。露西的化石目前依旧保存在埃塞俄比亚的国家博物馆内。

1.1.2　其他人属动物的种类（人种）

在后续的进化中，地球上或许出现了十多种人属动物，目前考古学家认为至少有如下的好多种可以称作"人"的人属动物，分别为：尼安德特人、匠人、鲁道夫人、能人、直立人、海德堡人、弗洛勒斯人……还有智人。

而现在主宰地球的就是智人，并且地球上只有智人而没有别的人种了！

所以现在我们所认知的人类大概就是指智人繁衍出的子孙了，无论是蓝眼睛的欧洲人、黄皮肤的亚洲人、美洲的印第安人、澳洲的土著人还是日本北部岛屿上的 Ainu 人，其实全部都是"有智慧的"（Sapiens）"人"（Homo），即智人（Homo Sapiens）的后代。

1.1.3　猴子与猩猩的不同

许多人会混淆猴子和猩猩，其实，猴子与猩猩最大的不同在于，猴子有尾巴，而猩猩则没有尾巴，当然我们人类也没有尾巴。尾巴在动物身上有一个特别的作用就是保持平衡，读者可以看到家里的猫在跳跃的时候，猫尾巴会在空中摆动。猴子的尾巴其实也有这种平衡作用，当然猴子的尾巴还可以绕着树枝起到固定的作用（其实也可看作一种平衡），而猩猩和人一样，平衡主要靠上肢和下肢。从人类生物进化的角度来说，猩猩离人类应该近一点，而猴子则稍远一点。

1.1.4　智人是如何胜出成为地球动物之霸王的

在距今七八万年前，在非洲进化出来的智人开始走出非洲，奔向中东，继而以此为跳板向欧洲、亚洲等地扩散，按照现代的通俗说法应该叫"移民"了，只是那时候的地球上还没有什么国家，也没有什么国界之说（或许已经有了地盘的概念：这块地方是我们狩猎的地方，你们咋过来呢？由此而发生搏杀，或认为来者是客而招待一番，不能说绝对没有这样友好的气氛，但是笔者认为这样友好气氛的概率应该不会太大）。当然也没有什么"非法移民"或"合法移民"之说了。一般说来，智人也就是一边狩猎一边迁移而已，所到之处偶尔会遇见和自己差不多的"人"，智人也许会感到新鲜，也许会感到恐惧。其中活动范围最广的应该是来自尼安德特谷（Neander Valley）的尼安德特人（Homo Neanderthalensis）。由于在非洲没有找到尼安德特人的头骨，故认为尼安德特人的祖先比智人更早走出非洲到了中东、欧洲一带活动，进而进化出了尼安德特人。单从尼安德特人的个体上来说，无论是脑容量还是体力上应该都不输于智人，甚至可以说强于智人。身材魁梧、高鼻梁、大鼻子的尼安德特人的样子如图1-2所示。

图1-2　尼安德特人
图片来源自互联网

本节小结：我们并不特殊，地球上曾经有过好几种不同种类的人。

1.2　尼安德特人消失之谜

1856 年，考古学家在德国的尼安德特谷发现了一些古人类化石，被称为"尼安德特人"，据考察推测，尼安德特人约在 24 万年前出现在地球上，主要分布在欧洲大部分地区和中东一带。考古学家认为尼安德特人在 20 万年的时间内应该在欧洲境内繁衍生息，由于尼安德特人四肢发达，骨架结实，尤其是上臂非常有力，还有一个大鼻子（或许可以解释为比较适合在寒冷的地区生存的特征）。在距今 24 万年前到距今 3 万年前的约 20 万年时间内，称霸欧洲大部地区的当尼安德特人莫属了。

如此人高马大，力气强大的尼安德特人在距今 3 万年前突然就彻底从地球上消失了，即所谓的尼安德特人消失之谜，这着实也让上百年来的古人类学家伤透了脑筋。为什么只有智人存留在地球上了呢？到底是尼安德特人被智人彻底同化了，还是被智人彻底逼上绝路了呢？按理讲，如果单打独斗的话，智人应该还不是身材魁梧的尼安德特人的对手呢，那智人又如何能把尼安德特人赶尽杀绝了呢？诸多疑问一直没有得到解答。近年的基因研究发现，智人也就是现在的人类的基因中有百分之四到百分之五的尼安德特人的基因，说明智人确实和尼安德特人通过婚，对其进行同化过。

一个未经考证的猜想：或许不同物种之间的生殖隔离也挡不住智人和尼安德特人之间的基因交换，或许欧洲人身材魁梧、高鼻子、大眼睛的基因部分来自尼安德特人的 DNA。

1.2.1　沟通方式和沟通效率决定了智人在地球上的统治地位

无论是智人也好，尼安德特人也好，还是其他人种也好，都属于群居性社会动物，特别是我们人类，需要别人的帮助和协力才能在严酷的自然环境中生存和繁衍下去。例如，人类的小孩在五六岁之前都需要别人的照看，这就是孩子需要的所谓父母的"养育"，所以人都知道父母的"养育之恩"，当然这个过程中也会有叔叔阿姨、爷爷奶奶的照看带领，也会有其他亲戚朋友或邻居的照顾等。既然人类是社会性的群居动物，那么个体与个体之间的交流和沟通，还有协力和协作就显得非常重要。

美国斯坦福大学考古学家的研究发现，智人的发音气管比尼安德特人和其他人种要长一点点。就是这一点点气管的长度差异让智人能够发出多种不同的声音来表达和传递各种各样不同的意思，这就是语言的诞生！而像尼安德特人等其他人种只能发出几个或者几十个简单的发音，形成不了完整的语言或语言系统。这种发音的复杂程度决定了沟通的完整性和准确性，也影响了知识的传承性，进而决定了人种的竞争能力。有学者把智人的这种沟通传承叫作认知革命（Cognitive Revolution）！智人主要通过语言交流的方式，某个人进行表达，别人接受理解，这种相互作用，不但使个体对事物、外界的理解得以提高，其群体的"Know-How"，即知识、经验的积累和共享也大大得到提升。

语言的本质是表现"自我"和"外界"的关系，抑或"外界"对"自我"的作用。

举个例子说明沟通的重要性，五个尼安德特人和五个智人同时出去狩猎，如果背后突然来了两只老虎企图袭击他们，当一个尼安德特人发现这个情况时，他会发出警告的呼声："危险危险！老虎！老虎！"而智人则会这么警告："危险！危险！露西Ａ，你身后来了一只大老虎、一只小老虎，大老虎离你还有三十步远，小老虎在大老虎身后五步的距离，露西Ｂ、露西Ｃ你们二位可以回身去杀小老虎，露西Ａ、露西Ｄ和我一起对付大老虎。"如此这般的不同的沟通会造成不同的结果，尼安德特人的结果可能是：早上出去的是五个尼安德特人，下午或傍晚只回来了四个尼安德特人，一个被老虎吃掉了。而智人则可能是这样的结果：早上出去五个智人，中午五个人全部回来了，或许有一个智人，或几个智人在和老虎搏杀时受了一点伤，但是带回了一只美味的猎物——小老虎，可以让家人或一起群居的人们一起分享美味可口的老虎肉。同样地，复杂的发音和沟通能力可以让智人把狩猎的经验分享给别人和孩子：老虎很厉害，必须有三个以上的人一起搏杀，最好先把老虎的眼睛搞瞎，或许可以先用石头砸老虎的前脚，或许可以在老虎出没的地方挖一些深一点的坑，至少要一个半大人那么深，老虎掉进去以后就出不来了。诸如此类的经验或者说是知识。当然一些琐事的八卦乃至夜晚梦到的梦也可以通过复杂的发音，也就是复杂的语言表达方式分享传承。这样一种原始的"教育"，一代一代的"积累"，渐渐使得智人骄傲地称自己是"有智慧的人"，而尼安德特人等其他人种则在严酷的自然界面前显得越来越弱。他们也许为了争夺狩猎地盘，在和智人的争斗中败退，抑或成为智人的猎物，被杀，被吃，抑或只能退居到更加严酷的地方寻求活路。根据考古学家的说法，尼安德特人就在距今三四万年前从这个地球上消失了。相反地，在与其他人种的竞争中处于不败之地的智人则以惊人的速度扩散到除了南极和一些极其偏远的海中小岛以外的地球的各个洲际。当然其他的人种也在智人的智慧之下被赶尽杀绝，以至于现在地球上只有智人这一种人属动物了。

1.2.2　"人属文明，人属语言"的多样性

其实在距今三四万年前，地球上应该拥有上万乃至数万种文明，无论是尼安德特人的文明，北京猿人的文明，还是丹尼索瓦人的文明等，当然我们的祖先，智人的文明也在其中。与此同时，地球上也有上万种的语言，无论是智人复杂的语言，还是别的人种的简单的语言，可以说那时是地球上"人属文明、人属语言"百花齐放的时代。只是随着智人霸占地球进程的发展，愈来愈多的文明、语言被淘汰、同化、吸收抑或改变。时至今日，地球上大概也只剩下几百种，最多一千种智人的后裔，所谓的人类的语言了。当然，面对如此多种的语言，智人之间又是如何沟通交流的呢？又是什么样的人在做翻译呢？诸多不解之迷还有待科学家们的研究解析，不过我们的祖先一定凭着其智慧和过人（别的人种）之处，在不同的文明、不同的语言中沟通过、交流过，抑或碰撞过、冲突过。

1.2.3　神与宗教的诞生

《AI成"神"之日：人工智能的终极演变》一书这样描述过：

神的概念几乎是和语言同时诞生的，当人们仰望天空，有时候是晴天，有时候是阴天，有时候会下雨，有时候会闪电雷鸣，有时候会有山林大火；本来很健康的人，突然有一天生病了；年轻妇女的肚子会慢慢变大，过一段时间后就会生出小孩……这个世界上每天都有稀奇古怪的事情发生，当时的人们认为一定有一个神通广大的"人"在后面指使着那些"怪事"的发生和结束。把这个看不见，摸不着的"人"理解成"神"就什么都好理解了，就可以去解释那些"神神秘秘的事件"了。于是人在大脑里想象出了"神"，继而通过语言交流，传给了别人，还说得"神神乎乎"的，使人深信不疑，"神"就这样诞生了。

如果所有的一切都是有"神"在操纵的话，那么我们去请求"神"做什么，或者不做什么，如果"神"可以听进去并且发挥其广大的神通的话，是不是就可以达到我们的目的了呢？由此人们产生了一种想法，即"对于神决定的大部分事情，只要我们平时虔诚地祷告祈求神灵，神应该会听进去"。当这样的想法得到越来越多人认可并且被当作一种信念的时候，笔者认为宗教诞生了！

神、宗教也在后续的文明创造中，抑或文明冲突中都有举足轻重的作用。此非本书重点所在，因此就不再细述太多了。但是不可否认的是，神和宗教的概念都对于智人的沟通交流有着不可磨灭的影响。

1.2.4　传说中的女娲

好奇的读者也许会问，我们伟大中华民族的祖先不是女娲吗？在中华大地上生息的炎黄子孙中确实流传着女娲的故事：相传女娲用泥土捻了男女青年，使其婚配繁衍后代，于是女娲可谓是中华民族的母亲。不过这个故事没有科学根据，只是流传在华夏大地的神话传说而已。

1.2.5 北京猿人是中华民族的祖先吗

或许还有聪明的读者问，北京猿人不是我们中国人的祖先吗？至少是北京人的祖先吧。其实读者有这样的疑问非常可以理解。20 世纪初期在北京龙骨山周口店发现的远古人类头盖骨化石确实震撼了世界，有的期刊就称之为"北京人"了，其实这些远古人类是生活在距今七十万年前到二十万年前的直立人（Homo erectus）的一种，由于带有猿猴的特征，被命名为北京猿人。估计在四万年前，当智人来到北京附近的时候，和当地的北京猿人发生了冲突和竞争。而北京猿人在这场竞争中也是同样地败在了智人手下，被彻底地消灭了。

可以这么认为：相对于其他人种，正是由于智人拥有着复杂的发音能力，即优秀的语言能力和高明的沟通水平，使得智人拥有集体智慧，优于其他人种，从而征服了世界，成了地球之霸王。

在距离现在二三万年前，智人凭借着其"智慧"把其他人种，包括某些非人属的大型动物统统灭绝了。而智人则在这样的过程中扩散、迁移，探索着新的赖以生存的场所，或许是由于智人内部之间的争斗，一部分的智人离开了原来的居住地，逃亡或开辟新的居住地，使得智人的足迹踏遍了地球的大部分地方。在接下来的篇章中就以人类一词来代表唯一活跃在地球上的人种了。

1.3 假如尼安德特人还在的话

想象以下场景：

1.3.1 走在王府井大街上的尼安德特人

2021 年 12 月的圣诞节，一位西服革履的二十多岁的尼安德特人男子走在北京的王府井大街上。人们一般不会惊奇，因为他和在北京的其他西方人没有什么差别，或许他身材高挑，脸庞的轮廓格外分明，还会引来年轻女子的注意。其实如果他不开口讲话的话，人们绝对不会知道这位英俊小伙子和我们是不同的人种，那么如果他开口说话呢？

1.3.2 发音不全的尼安德特人

如果这位尼安德特人的小伙子没有做过任何气管手术的话，无论他是讲英文还是中文，可能都会给人们五音不全的感觉，或许有点结结巴巴。但是如果他接受过气管延长手术，或许他能够和我们一样非常流利地沟通，但是不论哪种情况，人们基本上认为他就是和我们同样的人，因为他实在是和人类很像，没有太大的差别。

1.3.3 受到过现代教育的尼安德特人

如果一个尼安德特人生下来以后接受了气管延长手术的话，那么他或她其实就可以像人类的孩子们一样接受教育，从幼儿园、小学、中学到大学，或许和我们一样参加全国高考。由于尼安德特人的脑容量其实比人类还稍微大一点，笔者认为或许尼安德特人的成绩不会比人类的小孩差，甚至平均来说，很有可能比人类的孩子还要好。当然，像体育一类的项目自然是尼安德特人的特长，学校运动会里面的百米、跳远等运动项目的冠军估计大部分由尼安德特人摘走了。或许许多学科还会有尼安德特人教授呢！

相反地，如果诞生下来的尼安德特人由于某种原因，比如信仰，没有接受过气管延长手术，也没有接受过人类的教育的话，那么凭借其过人的体力，也应该可以在社会中找到他们相应的职位，拿到工资，获取食物。不过，很可能大多尼安德特人会从事体力劳动，毕竟一个尼安德特人的体力可以抵得上两三个智人的体力。

1.3.4　争取人权平等的尼安德特人

如果在 2020—2021 年新型冠状病毒感染泛滥的时候，发生了某位尼安德特人与警察发生冲突的事件，不知道会不会爆发大规模的少数种属的尼安德特人的游行示威呢？尼安德特人会不会喊出"Neanderthalensis Lives Matter！"即"尼命贵"的口号呢？也不知道我们智人的后代会不会响应这样的共鸣呢？

由于章节有限，诸多假设还是留给我们聪明的读者去想象吧！

本节小结：个体之间的沟通能力决定了群体竞争力。

1.4 人体需要能量

1.4.1 人类的烦恼：食物

尽管我们的祖先智人在三四万前利用其高超的语言沟通能力在和其他人种的生存竞争中脱颖而出，成了唯一驰骋在这个星球上的人种，然而智人在随后的历程中却一直在为一个事情苦恼：食物。

在中华文明史上有位东晋的大诗人陶渊明被誉为是田园诗人，据说由于不愿意奉承上官，辞去了县令的官职，有所谓的"不为五斗米折腰"的气节（当时县令的薪水就是五斗米）。而智人在几万年的生息繁衍中却基本上没有陶公那么潇洒，因为人体的活动、生存都需要能量，需要有食物来补充体内的能量。故有古话说：一日不吃饿得慌，三日不吃眼前花。这个"眼前花"应该就是血糖低表现出头昏目眩的症状。

我们的智人祖先正是为了克服这种头昏目眩一直在不停地寻找食物：一见到果树上熟透的水果就会忘乎所以，拼命地吃；或者打到一只猎物后，一家子或几家子围着篝火，香喷喷地吃个精光，然后来精神了，开始用语言描述如何找到果树的，或者回忆一下几个人如何围住猎物的，抑或八卦起爷爷奶奶的狩猎经验等。可见我们的智人祖先在辛苦的寻食过程中是多么渴望甜的食物和有脂肪的高能量的肉类。

1.4.2 甜食的作用

如今在商务套餐的最后，一般会端上来一盘水果，或者一些冰淇淋之类的甜点，作为这个套餐的结尾。尽管人们已经吃过了包含鱼肉的正餐（Main Dish），也喝了不少高能量的茅台、五粮液之类的美酒，但是依然会美美地享用最后的西瓜、葡萄、哈根达斯之类的甜美点缀。在日本女孩的中间甚至有一种说法"甘いものは別腹！"，中文意思大概是"哎呀，尽管已经吃得再也吃不下啦，不过甜食是装在别的肚子里的！"（还是吃！）

当然还有一种脑科学方面的说法是：当人们在吃食物的时候，特别是在肚子饿的时候吃甜食，人的大脑会分泌出多巴胺和 β 类内啡肽，这些物质被叫作快乐物质，会引起人的大脑产生某种快感。

其实想吃甜食，愿意吃高能量的肉类等倾向都是我们的祖先——Homo Sapiens，在几万年、几十万年的进化过程中留在我们这些子孙的基因里面的。所以大可不必去嘲笑某个贪吃的或者好吃懒做的人。其实你自己的基因里面或多或少也隐隐地继承了这种好吃懒做的 DNA，只是你自己很有自制力，非常勤奋，或者你的惰性还没有表现出来而已。

当今时代，或许地球上大部分人已经不再为了食物而苦恼（当然还是有不少落后国家，每人每天的生活费很少，或许由于干旱、洪水等天灾还有不少人在为能否吃得到下一顿而担忧）。相对于总为食物而担心的祖先来说，我们现代的许多人反而得了一种富贵病——糖尿病。那是由于摄取了过多的食物、过多的卡路里（能量），或者吃惯了高热量的食物而引发的一种疾病。

1.4.3　人体的大脑需要能量

人类在生活中需要思考，需要和人进行语言的沟通，需要移动去实现与别人接触，需要去狩猎等，这些劳动都需要能量，其中在我们的脖子上的，所谓的项上人头需要大量的能量，是我们人体中最消耗能量的器官。平均一个人的大脑每天要消耗300卡路里左右的能量，而一个围棋选手，或象棋选手如果一整天都在下棋的话，估计要消耗5000乃至6000卡路里左右的能量。

1.4.4　大脑与手机（小型计算机）

当今时代，大家都非常熟悉的PC和手机，都是人类认知世界的有力工具。仅从信息处理和能量消耗的角度来看，我们试着做如下比喻。

我们人体的大脑类似于一台计算机或者现在的一台苹果手机（其实手机就是一台小型的计算机），如图1-3所示。

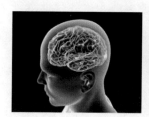

图1-3　大脑类似计算机

图片来源自互联网

大脑可以记忆，手机也可以存放记录。你的手机里面一定有不少图片和录像存放在硬盘（HDD）里面。你去苹果店买手机的时候一定会被问到：要128G的，还是256G的？这个128G、256G就是手机的硬盘的大小，硬盘越大，可以存放的东西就越多。

大脑可以回忆往事，手机也可以翻出来过去的信息！你可以在手机里面诸多的照片中找出你中意的一张。

可以向大脑里面输入：通过声音、眼睛等五感往大脑输入。

手机也可以输入：通过键盘或像 SIRI 之类的语音输入。

可以从大脑里面输出：大脑想的可以通过嘴巴发出的声音，或者写字等动作表达出来。

手机也可以输出：通过喇叭、屏幕显示，或者手机震动等方式表达出来。

诸如此类，大脑和手机一样都需要能量：

人的大脑需要人体摄入食物，消化后变成能量（主要是糖分）。

手机需要电源或充电宝来充电，可以供电给 CPU。

人体在吃饱后，大脑会发出信号：已经吃饱了，不能再吃了。

手机在充满电后，也会告诉充电装置：已经充满了，不要再充了。

如果一个人一周不吃饭，那么他或她一定没有力气说话了，没有力气思考了。

如果一台手机没有电了，那就启动不了了，什么也干不了了。

您说二者像不像呢？

1.4.5 说说好吃懒做

如上所述，人的大脑需要能量，但是在远古时代，我们的祖先没能像 21 世纪的人类那样每顿都能吃得饱饱的，于是为了生存下去，祖先发明了一种"开源节流"的机制。开源，即尽量吃有糖分的，有卡路里的食物；节流，即尽量少支出能量、少活动、少思想、多睡觉等都是节流的方法。我们的祖先把这样的"生存技巧"深深地刻在我们的 DNA 上了，在现代人身上表现出来的就是大家所说的"好吃懒做"。所以好吃懒做只是祖先留给我们的一种智慧遗传基因而已，那么我们的这些子子孙孙何必去讥笑这种"祖先留给我们的智慧"呢？

　　本节小结：人体需要能量，大脑活动需要能量，计算机也需要能量。能量问题是当今和未来人类社会的一大课题。

1.5　农业时代的沟通方式

　　如何有效地利用能量，对于我们的祖先来说就是如何有效地利用食物，这种赖以生存的东西。

　　在距今一万多年前，我们的祖先驯服了某些动物，例如狗、猪，也驯服了某些植物，例如中东一带的智人开始种植小麦，黄河流域一带的智人开始种植稻子，南美一带的智人开始种植玉米、马铃薯等农作物。农业革命到来，智人社会进入了农业社会时代，如图1-4所示。

图1-4　人类从狩猎采集进入农业社会
图片来源自搜狐网：人类是如何从狩猎采集进入农业社会的

1.5.1 人类好像开始了安居乐业

农业社会使得一部分的人类可以放弃原先世世代代靠狩猎为生的生活方式，开始了开垦定居，有计划地消耗粮食获取能量的安居乐业的美好生活。狩猎时代的饥一顿饱一顿的生活让人类一直在为食物发愁，并且不停地为了寻找猎物或者占据狩猎的地盘，不断地迁移，按现在的话来说，要经常搬家。经常搬家确实非常折腾人，要离开好不容易熟悉的狩猎地形，又要重新熟悉新的地方，研究如何俘获动物，如何摘取果子，如何躲避猛兽的袭击，当然还有如何躲避来自其他人类部落的侵扰袭击等。可以在一个地方安居下来，安心种植农作物，再饲养一些家畜等，对于祖祖辈辈颠沛流离的人类来说简直像找到了乐园一样。

1.5.2 国家概念的出现

同一个部落，或者关系比较近的不同部落，后来演化为民族。为了使自己生活的圈子能够固定下来，生活在同一个地区或不同地区的同一个民族，或者不同部落、不同民族联合起来把一定的区域称为自己的领土或领地，并且有了大家接受的，或者基本上可以接受的头领，还制定了一定的规矩等，于是"国家"的概念出现了。

然而，好不容易得来的安居乐业其实并不那么安乐。

这边的农业社会的安居带来的相对富裕自然引来了别的部落的羡慕和觊觎，特别是一些游牧民族，凭借其马上功夫，开始对富裕的定居型农业社会的人们进行抢劫和掠夺，农业社会的人们为了保护自己的劳动成果，自然开始了防护和反抗措施。在中华大地上为了防止北方游牧民族的侵扰，从春秋战国开始中国的多个王朝开始了长城的修建：东起山海关，西至嘉峪关的万里长城就是在这样的背景下修筑起来的。

万里长城如图1-5所示。

图1-5　万里长城全长约多少千米？
图片来源自 zaoxu. com

当然，为了防止侵扰，有智慧的人类自然想到了抵抗、反击：卫青、霍去病等名将都是在那样的历史背景下诞生的。同时一切活动都不是一个人完成的，都需要沟通交流，如危险来时的警告、敌人进犯时的阻击方式、反击入侵者的布阵等。

1.5.3　造纸术的发明

最初人类用竹简（即古代用来写字的竹片）、羊皮等来记载历史和事件，也有把文字刻在竹片，或把碑文刻在石头上的。这些竹简比较笨重，羊皮又很昂贵，要想把平常人们说话沟通的内容写到竹简上，需要很多很多竹简，不容易携带，因此，古人在竹简上写的文字大多比较简洁，只能用很少的字来表达意思，不能像白话文那样用许多字来表达。到了中国汉代，蔡伦发明了造纸技术，造出了又薄又轻的纸张，极为方便携带，被称为蔡侯纸。蔡伦的造纸技术也传向了日本和中亚、欧洲等地，日本人后来改进该技术造出了"和纸"，可以说中国的造纸术对人类的沟通、文明的传播有着杰出的贡献。大量的历史可以写下来，制成书供人们阅读，这其实是人类的一种高超的沟通技巧，直到信息革命时代，人类的沟通方式在过去二千多年时间内主要以书信等纸面交流为主，这同样也是人类知识的一种有效的传承方式。在中国有一句话：书中自有颜如玉，书中自有黄金屋。意思是指读书人有出息，那么为什么读书人有出息呢，读者都明白那是因为从书中可以得到许多知识，或者说是智慧。

接下来几节来介绍农业社会中的人与人、部落与部落、国家内部、国家之间的沟通方式和信息传播方法。

1.5.4 近距离的沟通

当时的智人估计也就在一二公里的范围内，由少则十几人、几十人，多则也就几百人在一起组成村落，过着互相帮助的群体生活。人类忠实的卫士——狗，自然也和人类一起生活在人类的村落中。如果有陌生人闯入村落，狗就会发出警告："汪汪汪汪汪"，这大概是人类最早最原始的警报系统了。只要听到狗的叫声，人们就会警觉起来，出来看看发生了什么事情，如果发现一只老虎进村了，某人就会大声叫喊："大家小心啦，有一只老虎进来啦！"住在隔壁几十米或一二百米以内的人家就能听到这样的叫声。无论是狗叫声也好，还是人的叫喊声也好，近距离的沟通就是那么简单，靠的是喉咙喊。当然如果距离稍微远一点，在声音根本传不到的地方，那么只好麻烦哪一位跑腿的去带个话了。

有时候，村落的首领需要传达什么重要指示的，往往会召集大家一起，然后站在台上，面对几十个、几百个的村落住民，甩开嗓子，其实这种方式和之前的沟通方式、没有什么差别。

如果某个村落村民懂得手语的话，或许某人只需要做一些手势就能让别人懂得其内容，进行信息沟通，但是估计大部分人还是不懂复杂的手势的。

当时的人类还有一些效率比较高的号召性工具来传达某种信息，那就是大鼓、号角、小螺号等，如图1-6所示。现在的非洲某些部落依然还用击鼓传音来向村民传递某种信息；在三国演义中每当张飞、关羽、赵云出阵迎敌时一般都要击鼓助威，利用鼓声号召士兵一起打起精神，齐声呐喊助威。号角后来也演变成了军队里面的冲锋号，或现在学校里面的哨子等。像这样的大鼓、号角、螺号一般在几公里之内可以传达某些事先约定的简单信息，如危险来了、危险解除了、一起冲锋、撤退、时间到了等。

图1-6　传达信息的工具

图片来源自互联网

1.5.5　中距离的沟通

当需要向距离十几公里、几十公里、一百公里或二百公里以外的村落传递信息（比如说鸡毛信）的时候，可以派一位飞毛腿带话，这是非常自然可以想到的方法，但是即便是现代的马拉松选手，如果让他跑一百公里的话，估计也需要五六个小时，也就是二三个时辰，假如信息是紧急军情的话，那么耗时五六个小时就非常不及时了。

别忘了，智人是靠狩猎为生的，除了拥有忠实的卫士——狗以外，还会骑马进行远距离狩猎，因此快马报信自然也是常用的手段，而且比飞毛腿应该快得多。

当然，智人之所以被誉为有智慧的人，自然有其过人之处，我们的祖先可以用鸽子来传达信息，即飞鸽传书。对于鸽子来说，不到一个小时就可以把信息（往往是带有记号的东西，或者有文字后的书信）带到一百公里以外，这比用马、用人都快得多。

还有鸿雁飞信等方式也都是古人的智慧。以及建造高高的信号塔，用几种颜色的信号旗传递信息。比如烽火戏诸侯的故事，读者可能都知道西周末年的周幽王为了博得妃子一笑，几次点起了烽火台，虽博来了妃子的笑，却戏弄了各位诸侯，结果当敌人真的来临，点起烽火台的时候，却没有诸侯再来相助，白白丢了天下，如图 1-7 所示。烽火是古人的一种紧急军事报警系统，当发现敌情，需要友军支援的时候，军士就会在高高的烽火台上点燃烟火，让远在几十公里，甚至一二百公里以外的友军知道军情，烽火台通常不是一个，而是几个，十几个连续的，可以把紧急军情传到几百公里，乃至上千公里之外。但是烽火台能够传达的信息量太少，基本上也就是"这里情况紧急，请求支援"之类的信息，不能像书信那样传达几百、几千字的复杂信息内容。

图 1-7　烽火戏诸侯

图片来源自互联网

1.5.6　远距离的沟通

如果需要和陆地上相距几百公里，乃至几千公里以外的人进行沟通，这时候就需要所谓的信使了。信使大多使用马匹、马车，中国古代朝廷的信使也叫驿使，据说在宋朝把所有公文和书信的机构总称为"递"（在今天我们还有"邮递员"之说），而且还有紧急的"急递铺"来传递朝廷的紧急书信，急递用的驿马上系有铜铃，快马奔跑时的铃响意味着"紧急"。为了尽快传递信息，需要铺铺换马，数铺换人，风雨无阻，日夜兼程地奔跑，古代有千里马、血汗马等擅长奔跑的马种，如图 1-8 所示。

图 1-8 八百里快马加鞭有多快？

图片来源自新浪网：八百里快马加鞭有多快？

本节小结：在农业革命后，远距离的信息传递主要靠人的脚力、马匹奔跑、鸟类飞行等方法。

1.6 工业时代的沟通方式

1.6.1 科学革命奠定了欧洲工业革命的基础

当人类历史步入公元 16 世纪，爱新觉罗·努尔哈赤统一了女真族，于远东即中国东北地区祭天登基，建国立业，富国强兵后攻打山海关，在中国建立最后一个封建王朝的三四百年间，欧洲大地上已经悄然刮起了科学革命的春风。以哥白尼为代表的天文学家一反历来的地球中心学，主张以太阳为中心的"日心说"，虽然这些新的学说与传统宗教有着巨大的冲突。后续相继以伽利略、牛顿为代表的物理学家，以道尔顿为代表的化学家，以达尔文为代表的生物学家等相继在欧洲活跃，当然还有像近代的爱因斯坦这样的想把宇宙万物规律用美丽的公式来表现的大科学家的出现，这些都大大改变人们以神学和宗教为中心的思维，使人们开始了科学的思维模式。应该说这是人类（智人）的一次新的认知革新，是对自然界本质认识的一次飞跃，是人类社会的一种科学的认知观和发展观。笔者认为正是这些自然科学研究和认知的进步才拉开了欧洲工业革命的序幕。

1.6.2　人类迎来了工业时代

在农业社会，从生产的角度来看，人们主要从事着种植、养畜、放牧等劳动；从能量获取的方式来看，人们主要依赖着太阳的照射能量，即植物通过光合作用获取能量，动物又吃植物获取能量后储存在体内，人类又以植物或动物等为食物来获取人体需要的能量。所以农业社会主要是"靠人，靠牲畜之力"，人多就可以种植更多的地，养更多的牲畜。"靠天吃饭"，指的是农作物的成长主要就看天气情况了，如果几个月不出太阳，那么农民的收成一定不好，很容易出现饥荒的灾难。

在欧洲科学革命的基础下，以瓦特的蒸汽机为代表的发明开启了人类工业革命的篇章，如图1-9所示。有了蒸汽机、钢铁、煤炭、石油后，人类开始发明创造各种各样的可利用动力的机器，例如纺织机、轮船、军舰、汽车、火车、飞机、大炮等。从能量利用的角度来说，其效率已经大大高于农业社会的太阳照射了，因为煤炭、石油里面包含了经过几万年乃至上百万年的太阳照射而吸收的动植物的能量。在煤炭、石油的动力驱动下，生产效率比起农业社会靠人手工的力量，已经大相径庭了。纺织机可以一天二十四小时地工作，而且速度又是人的几倍、几十倍之高。飞毛腿、千里马跑得再快也比不上汽车、火车、飞机的速度。

图 1-9　蒸汽机
图片来源自互联网

1.6.3　动力交通工具的出现

人类进入工业时代，各种各样的动力交通工具随之被发明，这些汽车、火车、飞机等工业时代的交通工具替代了原先的以人畜为主的人力车、马车等，极大地加速了世界性的人流、物流以及信息的流通。以火车为例，1804 年，英国人发明了蒸汽火车（据说速度只有五六公里每小时），1879 年，德国西门子公司设计出来电力机车（速度可以在几十公里到二百公里每小时），到现在我国除了有传统电力机车以外，还有和谐号和复兴号的高铁驰骋在中华大地上。尽管习惯上我国有时还是把动力的大小叫作马力，有人会说"这个机器马力很足"，但是现代科学的叫法应该是瓦特，一般会说多少瓦特、多少千瓦等，这个"瓦特"就是以发明蒸汽机的英国人瓦特命名的。

图 1-10 是中国 20 世纪 90 年代的绿皮火车。

图 1-10　绿皮火车

图片来源自互联网

1.6.4　早期工业时代的沟通

工业时代的到来大大改变了人类农业社会时代的生活，但是这个时候的人类的沟通方式并没有根本性的改变，人们依旧围聚在一起八卦着各种各样的琐事；人们依旧利用书信和远方的亲戚朋友交流各种信息；当然公司之间也通过书信交换合同等商业上的重要函件。与之前不同的是，信件往返的时间比以前缩短了，只要当地有邮局，在中国国内寄一封信件的话，一般在一二周之内可以收到，如果寄到国外可能还需要更长一点的时间。对于分隔两地的恋人来说，等一封信或许会有一种望眼欲穿的感觉吧，当然如果想让对方快一点收到 Love Letter，或者明信片的话，还可以用加急或者航空信件等方法，如图 1-11 所示。

图 1-11 书信交流信息

图片来源自互联网

1.6.5 电报的发明

在 1844 年，根据电磁感应原理，美国人莫尔斯发明了电报，向 65 公里外发出了人类第一封电报。由于莫尔斯是一位虔诚的基督徒，他发的电报内容是"WHAT HATH GOD WROUGHT"（中文为：上帝行了何等大事），图 1-12 所示为电报机。

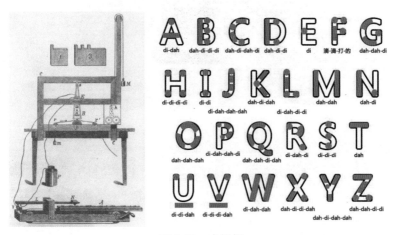

图 1-12 电报机

图片来源自一点排行网

1.6.6　电话的发明——贝尔公司的诞生

在摩尔斯电报发明三十年之后，美国人亚历山大·贝尔发明了电话。

电话的发明使得人类可以像面对面一样直接进行双向的远距离声音交流，可以说这和人类之前的书信沟通方式有本质的区别。电话沟通就像走了书信沟通中的一个捷径，少了个环节，大大提升了沟通效率，可以说亚历山大·贝尔堪当通信人的鼻祖。

贝尔也于 1876 年获得电话专利，并成立了贝尔公司，也就是现在的美国电报电话公司（AT&T）的前身。我们听说过的贝尔实验室，还有上海贝尔公司等都是亚历山大·贝尔创立的贝尔公司的子公司或者后续分化出来的分支，图 1-13 为早期的电话。

图 1-13　早期的电话

图片来源自 360 常识大全网

电话在英文中为"Telephone"，在大清王朝里面一开始叫"德律风"，后来人们发现以电器传话的这个东西还是叫电话比较合适，故电话一词也就在中文中固化了下来，直至今日，我们平时常会说，"我给你打电话啊"之类的说法。

1.6.7 中国的第一套电话系统

1840 年，英国人用坚船利炮打开了大清王朝的沿海大门，我们称之为"第一次鸦片战争"，这件事逼迫这个军事落后，闭关锁国的农业大国统治者，爱新觉罗的子孙签订了中国历史上第一个不平等条约——南京条约，从此中国的一些沿海城市就开始对洋人开放了。在美国人亚历山大·贝尔发明电话几年后的 1882 年，丹麦的大北电报公司在上海开设了商业的电话业务。1904 年，清朝在北京设立了官办电话局，引进了爱立信公司的电话系统，大清的官员也用上了"电话"这个洋玩意。不过当时的电话都是有线的，需要接线员接通线路后才能和对方通话，图 1-14 为留着长辫子的清朝电话接线员。

图 1-14 电话接线员
图片来源自曼镘槾漫熳墁的博客

除了电话以外，人类也发明了传真，英文为"FAX"，可以一次把一页纸或几页纸的内容传给对方，极大地提升了沟通的效率，至今日本有些公司依然用传真来替代合同做生意。

1.6.8 报纸、杂志、广播、电视等媒体的出现

在工业时代，即工业社会里面，随着印刷机器的发明，出现了报纸、杂志等面向公共大众的纸质媒体，极大丰富了信息的传播渠道。第二次世界大战之后，电视的诞生极大地丰富了人们的生活，人类传播信息的数量也得到了飞跃式的增长。

至今为止，报纸、杂志这样的纸质媒体其实和之前的书信没有本质的差别，对读者也有一定的要求，那就是必须得识字。如果是一个文盲那就无法读报纸杂志。当然之前的书信，信息沟通者的数量遵循着一对一的原则，存在着那么一点私密性的意味。如果在教室里某男生拿着同桌男生女友寄来的情书（Love Letter）当着全班大声朗读的话，他的同桌一定会不高兴吧。但是报纸、杂志则是大众化的媒体，从信息沟通者的数量来看应该是一对多的概念。

随着人类对电波的深入理解（后续章节中会详细讲述电波），广播这种新型的媒体也诞生了。从技术上来说，广播就是让声音通过无线电波（也有用导线的楼内广播等）传出去，让许多人通过收音机这个终端设备收听到声音内容。其实笔者认为从信息沟通的本质来说，其实是把报纸杂志的内容通过播音员的朗读传送给不特定的许多人（听众），是一种比报纸杂志发行零售更加高效快速的媒体传播方式。

广播是由出生于加拿大的美国匹兹堡大学的费森登教授发明的。不过，只是小学毕业却刻苦自学的美国人内桑·史特波斐德于1902年在美国肯塔基州穆雷市成功地做了一次广播试验，并在美国华盛顿专利局取得了专利权。而美国匹兹堡大学的费森登

教授则于 1906 年 12 月 24 日的圣诞前夕用 128 米高的无线电铁塔进行了人类历史上第一次正式的无线电广播。

中国最早的广播电台是美国人奥斯邦于 1923 年在上海成立的 ECO 广播电台，挂的招牌是中国无线电公司，不过只经营三个月就关门了。

1940 年底，毛泽东领导的中国共产党在延安成立了延安新华广播电台，就是我们中国人非常熟悉的中央人民广播电台的前身。

电视的诞生可以追溯到 19 世纪，当时德国人尼普科夫就使用了机械扫描方法进行了人类首次反射图像的实验。目前普遍认为电视是 1925 年在英国人贝尔德的木偶扫描图像的试验中诞生的，因此贝尔德被誉为"电视之父"。

我国也于 1958 年 3 月 17 日，由国营天津无线电厂研制的"华夏第一屏"的黑白电视机成功地接收到了来自北京的电视广播中心的图像。

看书信、报纸、杂志用的是人类眼睛，人把看到的信息输入给大脑去理解；听收音机广播用的是人类的耳朵，人把听到的信息输入给大脑去理解。

那么看电视呢？

看电视其实同时用了人类的眼睛和耳朵，人把听到的和看到的信息输入给大脑去理解。

电视的出现极大地丰富了人类的生活。电视节目中远在千里之外的长城的宏伟壮观，黄河水咆哮之声等活生生的影像就出现在了我们的眼前，人类仿佛长了"千里眼，顺风耳"。

本节小结：工业革命后对煤炭和石油的利用以及动力交通工

具的诞生加速了全球性人流、物流和信息的流通。电报电话的发明则促进了人类沟通并提升了信息的交互速度和效率。报纸、广播、电视这样的大众媒体的诞生则丰富了信息传播的渠道。可以说在工业时代的沟通已经基本上让人类摆脱了距离的约束，其传播速度之快和传播效率之高也是农业时代无法比拟的。

1.7　信息时代的沟通方式

1.7.1　信息技术

信息技术一词最早出现在 1958 年的《哈佛商业评论杂志》中，是指对信息的获取和处理、存储与传输过程中用到的各种技术的总称。信息技术主要指传感技术、计算机技术和通信技术等领域。

信息革命在英文中表达为 Information Revolution。指的是由于信息生产，处理手段的高度发达而导致的社会生产力和生产关系的变革，也有人称之为第四次工业革命，就像工业革命重新定义了人力和物力资源一样，信息革命重新定义了信息资源。信息革命以全球互联网的普及为一个重要标志。相比手工处理，用信息技术对各类信息快速处理极大地提高了社会生产力，刺激和改善着社会的各种关系。

信息技术的英文是"Information Technology"，也是近年来大家常说的"IT"。当别人说是干 IT 工作的，其实就是用计算机来处理信息，也就是设计系统，编制程序，即现在我们俗称为"码农"。

也许有人要问到底"码农"要处理什么样的信息呢？举一个例子来说明吧，有一个中学有 2000 名学生，每一个学生都有一个档案，记载着该学生的姓名、性别、出生年月日、籍贯、家庭地址、父母姓名、联系电话、该学生每一个学期的各科目的考试成绩，班主任的评语等。在 IT 出现之前，如果要查某一个已经毕业学生的中学一年级的物理成绩的话，需要老师去翻开档案或者纸质成绩册，在几千人的里面按照该同学的姓名去查找，多则花费几个小时，少则也需要半个小时的功夫。这还算简单的，如果是再复杂一点的查询，比如想要找到五年前毕业生的中学一年级的物理考试成绩的排名表，就很困难了，不光要查出那一届学生的一年级的物理成绩，还要把他们的成绩排序，这可是太费功夫了。但是如果有 IT 系统（也称计算机系统、电脑系统）的话、只需要打开 IT 系统，输入这些要求，结果就会在几秒之内出来了。由此可见，IT 系统的效率已经是传统系统效率的几百、几千甚至几万倍了！

那么如果想要把上面的某某学生的中学成绩送到该同学所在的工作单位的话，该怎么办呢？最简单的方法就是把该同学的成绩单复印一份，带回去就可以了。当然这种方法非常自然，无可厚非。但是当今的人们已经很少用复印件了，可以用手机给成绩单拍几张照片，用 QQ、微信或者电子邮件直接传到工作单位即可，几秒钟后该同学工作单位的领导就可以看到成绩单，这里面就用到了通信技术。

通信技术，在我国也叫通信工程、电信工程等，是电子工程的一个重要分支技术，其目的就是以电磁波、声波、光波的形式要把信息从 A 地点传输到 B 地点或者其他多个地点。擅长信息处理的信息技术（IT）和擅长传输信息的通信技术（CT）的出现，

使得信息时代的代表者互联网快速崛起，人们也习惯把 IT 和 CT
融合称为 ICT，即信息与通信技术。特别是移动技术的发展，使
得互联网更加快速发展，演变成当今的移动互联网。有读者或许
经历过二十多年前去网吧上网的体验，如今，在我国，用掌上
的手机，几乎人人在利用移动互联网，当今的时髦说法是用各种
App，网吧已经越来越少。

如今的 ICT 技术以及正在全球普及的 5G 网络把移动互联网
拓展到物联网的同时，也在推动着物理世界和虚拟世界的结合并
存、共同发展。

1.7.2 何谓信息

也许读者接着问，到底什么是信息，或者信息是什么呢？

信息是指声音信号、消息等由通信系统传输和处理的对象，
泛指人类社会传播的一切内容、是物质存在的一种方式、属性、
运动形态，也包括抽象概念，如特性、状态等。举个例子：每一
个人都应该有父母，那么其父母就有姓名、血型等，其本人也有
姓名，这个原则上是不变的，但是在某些国家里面，女性结婚后
就随丈夫的姓了，这样女性的姓名在世界上的某些国家地区里面
是可变的。还有其本人的性别，性别原则上也是一生不会改变的，
但是现代医疗水平可以支持变性手术，因此性别也是可变的，只
是案例非常少而已。其本人的血型，据笔者所知，应该也是一生
不会变的，但是身高、体重、血压、视力等，这些都是随着时间
的变化而变化的。人还可以做各种各样的事情，去各个地方等，
这些也都可以视为信息。还有一些抽象的概念，例如国家，有其

面积、人口数、国旗、国歌、首都所在地、该国的总统或主席、GDP、人均收入等，这些就是信息，现在也叫数据，计算机把这些信息变成 0 和 1 的排列，就可以轻松存储和处理。

香农说"信息是用来消除随机不确定的东西。"感兴趣的读者也可以去学习一下信息专家香农的《通信数学理论》。

1.7.3　信息时代指的是什么时候

如果问信息革命是什么时候开始的，或许我们自然会想到信息时代是随着计算机的诞生而开始的。笔者认为信息时代是在个人计算机（PC，Personal Computer）和互联网发展普及后开始的，那么计算机又是什么时候被发明的呢？世界上的计算机发展黎明期著名的有美国的 ABC 计算机、英国的巨人计算机（Colossus Computer），还有被誉为世界上第一台通用电子计算机的埃尼阿克 ENIAC（Electronic Numerical Integrator and Computer，电子数字积分计算机）等。

ABC 计算机是由美国衣阿华州立大学的阿塔纳索夫（Atanasoff）和贝利（Berry）于 1942 年制造的二进制计算机（Computer），故取名 ABC。

英国的巨人计算机是英军为了破译德军的密码，于 1943 年开发了世界上第一部数字电子计算机，其第一代 MARK1 使用了 1500 个真空管，第二代 MARK2 使用了 2400 个真空管，巨人计算机成功破译了德军的密码，为二战盟军打败纳粹德国立下了汗马功劳，可惜被丘吉尔下令拆毁了。

埃尼阿克计算机是 1946 年由美国宾夕法尼亚大学设计的 31

吨重的十进制电子计算机，可以用汇编语言编程，堪称世界上第一台计算机。华人科学家朱传榘（Jeffrey Chuan Chu）也是该计算机的五人设计小组成员之一。图 1-15 是世界上第一台十进制计算机——ENIAC。

图 1-15　ENIAC
图片来源自互联网

20 世纪五六十年代，计算机继续发展，欧美、日本也相继开始了商业上的应用，由于那时候的计算机非常昂贵，只有有钱的行业才能用得起，例如银行、保险、证券交易所等。20 世纪七八十年代，随着日本半导体的崛起，出现了四位处理器和八位处理器。在 70 年代末、80 年代初，日本半导体发展得如日中天，美国公司只能看着日本人大把大把赚钱，于是美国政府开始出手一边打压日本，一边扶植美国本土企业，即所谓的日美经济摩擦、日美半导体摩擦。到了 20 世纪 90 年代初，日本半导体行业被迫卖给韩国企业，同时以英特尔为首的美国半导体行业、计算机行业已经开始垄断世界，IBM、微软这样的美国硬件软件公司也随之垄断全球的计算机市场。笔者认为真正的信息革命时代应该算是从1990年开始的，因为个人用计算机（Personal Computer，PC，中文也叫个人计算机或微机）的普及，加上微软公司Windows操作系统（Operating System，OS）的出现，特别是Windows 95的登场，开始了信息革命的大潮流。同时在思科、朗讯①等公司的路由器、交换机的联络下，从美国开始，互联网抬头了，虽然不同国家普及互联网的时间相差几年，乃至十几年，但是人类也由此进入了互联网时代，即信息革命时代，就是今天我们所处的时代。

因此，笔者把1990年到2020年的三十年时间称为互联网的信息革命时代。

计算机的头脑，即芯片（CPU）的发展是在摩尔定律的作用下，以每两年性能翻一倍的速度在更新换代。

到2021年底，超级计算机性能上已经有了翻天覆地的变化，像美国橡树岭实验室的"顶点"（Summit），美国利弗莫尔实验室的"山脊"（Sierra），日本的富岳，中国的太湖之光、天河等都是非常有名的超级计算机。

这几年，人类又在研究量子计算机，估计不远的将来也会步入量子计算的时代。

1.7.4 电子邮件让书信变得如此珍贵

笔者于1995年在一家拥有4000余名员工的日本软件公司

---

① 朗讯公司（Lucent-Technology）是于1996年从美国电话电报公司（AT&T）剥离出来成立的，后来被法国阿尔卡特（Alcatel）收购，变成阿尔卡特－朗讯公司（Alcatel-Lucent），在2015年阿尔卡特－朗讯又被诺基亚（Nokia）收购合并。

上班，当时在美国加利福尼亚大学洛杉矶分校留学的高中同学寄来了一封航空信问我的 Email 地址（电子邮箱地址），我向公司领导索要 Email 地址，这位领导不知道，说要去问总部，结果两天后我被告知："全公司只有一个 Email 地址，员工没有个人的 Email 地址。"我写信告诉美国的同学后，他惊讶地回信说："在美国每个学生都有 Email 地址，你在软件公司工作怎么没有 Email 啊？"在几个月后的一次 IT 展览会上，在看到了 Downsizing、Client-Server 系统等美国公司的技术，我有点刘姥姥进大观园的感觉——什么都新奇。于是我立刻下了决心，决定辞职，终于在 1997 年进入东京某大学后用到了自己的 Email，和美国的同学联系只需要几秒就有回信了。

在 20 世纪 90 年代到本世纪初的 2011 年、2012 年左右，许多人都会用 Email 联系，至今还有许多公司，许多员工在工作上依然以 Email 为主要沟通方式，人们一到公司就会打开计算机查看 Email。

现在除了一些书法家以外，人们大概已经很少拿笔写字，也很少拿笔写信了，之前人们习惯的写东西，现在的说法变成了"打字"，也只有在圣诞节或过年之前，人们才会写明信片、贺卡之类的，不过现在这种情况也是越来越少了，因为人们可以在 Facebook、微信、Line 等应用上面发消息、图片、表情、Stamp 等，当然还可以发红包和抢红包。

1.7.5　海狮汽车还是武器吗

笔者在东京上学的时候在一家软件公司编程序打工，该公司的社长毕业于日本大学电子工程系，能讲一口流利的英语，非常喜欢和公司里面的几个外国人聊天，有一天他自豪地对我说，他公司有几部丰田的海狮汽车，那是公司非常有力的武器，因为当程序编好后存放在 3.5 英寸的软盘中，员工带上软盘，开上海狮汽车就可以直奔客户，让客户在最短的时间内用上新的系统或者是补丁。我建议他，让公司和客户都拉一根 ISDN 的专线后使用 Email 看看，两个月后他对我说，这个 Email 传文件太快了。我说，网包确实比汽车轮子快，但是海狮汽车还是比较舒适的！

1.7.6 低头族的出现

当 80 后还以为自己年轻的时候，90 后出现了，但是现在还能说 90 后很年轻吗？估计只能说 00 后年轻吧。是的，历史的车轮已经进入了 21 世纪 20 年代，我们中国人，除了婴儿以外，几乎每一个人都在用手机，特别是年轻人，有的人走路也低头看手机，被誉为低头一族。其实不管是使用中兴手机、华为手机、苹果手机、小米手机还是 OPPO 手机，大家每天都可以自由自在地用手机刷网页，微信，抑或使用 Line 之类的 App。我们的沟通交流已经变得如此方便，沟通交流的成本已经变得如此便宜，每个人可以随时随地和国内外的亲戚、朋友、同事或者网友沟通交流。还有微信群，可以让几个人、几十人或者几百个人进行交流和分享，也有微信的朋友圈可以让自己的微信朋友都能看到自己的分享内容，当然像最近的抖音（Tiktok）之类的社交软件更是层出不穷，眼花缭乱。就连许多小学生都在天天捧着手机，都知道"互联网"这个词，确实当下我们就生活在互联网时代了。

那么互联网到底是个什么东西？

下一章让我们一起探讨一下互联网吧。

本节小结：在信息革命时代，人类几乎已经可以瞬间沟通交流，获取信息，信息的传播量和速度已经比工业革命时代有量级的上涨。

第 2 章

重温互联网

2.1　互联网诞生的历史背景

2.1.1　二次大战后的国际关系——美苏冷战

在第二次世界大战结束以后，瓜分柏林后的美国和苏联在全球范围内展开了政治、经济和军事的全方位意识形态的竞争和斗争。以美国为首的资本主义西方阵营对峙以苏联为首的社会主义东方阵营国家，军事上，西方阵营组建了北大西洋公约组织，东方阵营组建了华沙条约国组织，在顶峰期，美国和苏联各有可以毁灭对方多次的上万枚核武器，时刻瞄准着对方。人们把从二战结束到1991年苏联解体的这一段美苏的争斗叫冷战，之所以叫冷战是因为没有热战的发生，没有美苏之间直接的战争发生，发生的大多是美苏之间的代理战争。

2.1.2　美国人的担忧

古巴导弹危机以后，其实苏联的核武器数量大于美国的核武器数量，因此，美国国防部担心哪一天，苏联人发起的第一波核攻击把美国的指挥中心给炸没了，美国岂不连反击的机会也没了，那么采取什么方法可以保留指挥系统呢？就是把指挥系统分布在几个不同的地方，即便被苏联人炸了一个，那么在别的地方的指挥系统还照样可以指挥作战，问题是如何实现几个不同地点的指挥系统的沟通联系。1969 年还陷在越南战争中的美国国防部就把解决分散地点的通信问题交给了高级研究计划局。

2.1.3 ARPANET：互联网的起源

针对上述问题，美国国防部高级研究计划局开发了 ARPANET（Defense Advanced Research Projects Agency Network），即国防高级研究计划局网络试验，图 2-1 是 ARPANET 示意图。

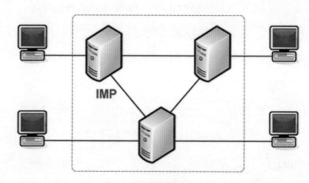

图 2-1　ARPANET

图片来源自互联网

如图 2-1 所示，ARPANET 由相当于路由器的 IMP（Interface Message Processor）做网包交换，把加利福尼亚大学圣塔芭芭拉分校（UCSB）、斯坦福大学研究所（SRI）、加利福尼亚大学洛杉矶分校（UCLA）和犹他大学（USU）的四台霍尼韦尔 516（Haneywell516）计算机连接在了一起，用的是美国 BBN 公司开发的 NCP（Network Control Program）软件，即网络控制程序。

之后陆续有更多的计算机接入了 ARPANET，至此除了分出部分网络用于军事用途（MILNET）之外，ARPANET 也开始向民间开放。ARPANET 的试验成功奠定了互联网的基础，随着后续的互联网协议的开发，特别是 TCP/IP 的成熟，不同的计算机可以接入网络，而 NCP 也于 1983 年全面退场，美国国家科学基金会建立的 NSFNet 也于 1990 年全面取代 ARPANET 成为现在互联网的主干网络。

当然也有人认为，美国国防部不是为了忍受核战争的攻击才开始分散地点的通信问题的研究。但是实际上，互联网的一部分受到攻击瘫痪后，其他的部分依然可以通信，从结果上解决了分散地点的指挥问题，就像我们现在可以远程会议、远程工作一样，都得益于分散式互联网这个模式。

不管如何，ARPANET 确实开始了世界上最早的网包传送实验，为现代网络通信打下了基础。

2.1.4　何谓网包

网包（Packet），顾名思义就是网络的包裹，也就是网络通信中的数据小包，如图 2-2 所示。我们的信息，比如说一封信、一张照片、一首歌或者说一部电影，经过数字化之后其实在计算机里面就是一大堆的 0 和 1 的集合，也有人称之为数据或数据文件。计算机要把这一大堆的数据通过网络传到别的地方，不是一次性全部传过去的，而是把这一大堆数据分装成一个一个的小包裹，分别地在网络上传送，等包裹到了目的地之后，那边的计算机又把收到的小包裹打开后取出里面的数据，重新连接好，于是就将其复原成了一封信（电子邮件）、一张照片、一首歌或一部电影。读者或许会担心搞错顺序，把一封信的内容搞乱了。不必担心，因为网络的协议设计得很好，每一个小包裹，就是网包上都有标签，计算机是不会搞乱的。

图 2-2　网络传输数据
图片来源自互联网

2.1.5　互联网中的 WWW 是什么

WWW 的全称是 World Wide Web（万维网），有人也叫 Web。许多公司都有 Web Site，就是网站，可以公布公司的许多信息，供别人来查看，比如说公司的地址、经营理念、产品系列、业务范围、联系方式等。WWW 就是服务器上的一个服务程序，人们可以通过超文本传送协议（HTTP）去访问启动 WWW 的服务器，得到反馈信息，就是我们说的看网站这一举动。

WWW 的诞生使得公司、政府、组织或个人只要拥有网站就可以自由自在地发布信息和新闻，不必特别依赖成本高昂的报纸和电视的信息发布。

WWW 最早是欧洲原子核研究机构（European Organization for Nuclear Research，CERN）的物理学家为了方便在互联网上进行论文交流而发明的。CERN 位于瑞士日内瓦近郊，是世界上最大的粒子物理研究所，拥有的 LHC（Large Hadron Collidor）是能量极高的强子对撞机，在 2008 年实际运用之前，有一些科学家曾担心，CERN 的 LHC 试验会不会产生微型黑洞，把地球囫囵吞枣地给吞进黑洞去，CERN 的物理学家在 TCP/IP 设计中也有巨大贡献。

本节小结：美国的 ARPANET 的试验促使了互联网的诞生。

2.2　数字世界是何物

2.2.1　模拟和数字的差异

简单地说，模拟信号是连续的，而数字信号是离散的，如图 2-3 所示。

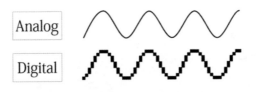

图 2-3　模拟信号和数字信号

图片来源自互联网

模拟信号是指随时间连续变化的物理量的表征，例如我们人类在说话的时候，就是连续不断地通过器官、嘴巴、舌头的鼓动和形状变化发出各种各样的声波，即一种空气振动，使得别的听众通过耳朵的鼓膜接收到这种连续的振动而听到声音。

数字信号则是通过对模拟信号进行采样（Sampling）而获得的离散的数字特征，用于近似地来表达模拟信号。如果进行细微地采样的话，数字信号也可以非常精确地表达模拟信号。以我们的身高举个例子来说，正常成人的身高应该为 1 ～ 3 米，如果以 1 米的尺度来采样的话，考虑四舍五入，人的身高应该是 1 或 2，也就是 1 米或 2 米，这显然太粗糙了。如果用 0.1 米的尺度来采样的话，我们的身高就应该会在 1.0 ～ 2.9 米，但是如果用 0.01 米的尺度来采样的话，那么我们的身高就应该会在 1.00 ～ 2.99 米了，如果以 0.001 米的尺度来采样的话，那么就和我们去医院体检时的身高测量数据一样了。许多女模特的身高估计就会过 1.70 米了，而姚明的身高大概是 2.29 米。也就是说，医生是用 0.01 米的尺度去采样的。

2.2.2　数字世界的好处

模拟信号本身就是现实世界的物理表征，拥有精确的分辨率，理论上来说有无限的分辨率，前提是采样足够细微。模拟信号有一些优点，比如喜欢音乐的一些"发烧"的"烧友"，他们耳朵的鼓膜太厉害了，数字的音乐对于"烧友"的鼓膜来说实在是太粗糙了，搞不好会磨破了"烧友"的鼓膜。当然模拟信号也有许多缺点，例如容易受到干扰，复制的时候容易失真等，比如，笔者小时候喜欢听我国台湾歌星邓丽君的磁带，磁带复制的次数多了，就会感觉到不清楚，或者有杂音等。

数字信号就有许多优点了，比如说抗干扰能力强，邓丽君的 MP3 歌曲无论复制多少次，音质都是一模一样的，永远不会劣化、变味的（复制的时候要注意版权保护）。

数字信号最大的好处就是可以利用计算机来处理，由于数字信号可以用 0 和 1 来表示，计算机又是处理 0 和 1 的一把好手，因此计算机处理数字信号很合适，用计算机来处理各种各样的信息的时代就叫信息革命时代。我们现在正在享受数字世界、信息革命时代带给我们的种种便利，例如我们的 MP3 歌曲、DVD、高清电视、4K 电影等都是数字世界的杰出代表。数字信号的保持十分方便，传输的时候可以对之加密和进行纠错处理，这样可以极大地增加保密性和可靠性等。

由此看出，对于信号处理来说，其实数字信号比模拟信号更加高效。

生活在三维现实空间的我们，几乎每天都花费不少时间，通过手机或计算机在数字世界中遨游。

2.2.3　从专用到共享

还是从笔者从事的通信行业看问题吧。不知道大家有没有听过长途电话这个说法，或许你会说，电话就是电话，哪来什么长途短途之说啊？举个例子，如果你从伟大首都北京用家里的座机打一个电话去上海的 12345678 座机号的话，只需动动你的小手指，应该是这样拨号的：0 21 12345678。其中，第一个数字 0 代表你需要打北京外地的电话了，21 是指上海的区号，表示你要打到上海去，后面的 12345678 就是上海本地的电话号码，这样你就可以接通上海朋友家的电话了。如此简单的动作能够打得通电话，主要是我们用的已经是数字电话交换机的缘故。那么在模拟电话的时代，是如何打长途电话呢？那个时候你需要呼叫接线员，请求接线员帮你接通上海的电话，许多时候如果北京到上海的长途线拥挤占线的话，接线员会让你等待，等候长途线空闲，方能给你接通。碰到前面的人长时间"侃电话"的话，要接通一个长途电话，需要等上半个小时、一个小时也是很正常的事情。

我们再来看看数字通信的方式，同时可以有几路信号可以通信，数字交换机会自动把各自的声音进行数字化传给对方。一根北京到上海的线可以由多人同时使用，数字化实现了资源由专用到共享的转变，这大大提高了资源的使用率，而且声音清晰，品质优秀，这些都是数字信号的特点。

直至今日，我们也常听到类似数字经济、数字化转型等带数字的概念，听起来都很"高大尚"，其理由就是数字化可以给我们带来高效率。

与数字信号关联紧密的就是 IT/ICT 的发展，正是这些技术的进步，使互联网得以蓬勃发展，也许可以倒过来说，正是由于互联网的发展，促使了 IT/ICT 的快速发展。下面再看看世界各国互联网的发展情况。

本节小结：数字比模拟更高效。

2.3　互联网的蓬勃发展

2.3.1　互联网的特点催生其蓬勃发展

根据 2007 年在加拿大多伦多举行的互联网大会上的共识，认为互联网有如下特征：

- 全球性。

- 透明性。
- 多样性。
- 自由匿名性。
- 公正性。
- 公共性。
- 机会性。

正是由于这些特点，还有近十多年来在互联网上的信息交流，沟通的成本变得非常廉价，这使得越来越多的人们喜欢用互联网，越来越依赖互联网，越来越离不开互联网。中国互联网之前有一种说法："内事不决问百度，外事不决问谷歌"，可见互联网在我们现代人类生活中的"智慧"。例如，你去饭店吃饭前，上网查一下大众点评就可以知道这家饭店的大概情况；如果你住在上海浦西，想了解浦东的二手房情况，你可以"问问"购房网链家等，比你直接去浦东要方便多了。

当然互联网也秉承了 ARPANET 当初的自律性的设计理念，即使一部分崩溃，别的部分可以继续工作，使得互联网变成了非常坚韧、牢靠的沟通交流平台，这得益于互联网中由人类发明的路由协议，即路由功能使得互联网上的网包可以由不同的路径传送到目的地，所以你收到的电子邮件，其上一句话和下一句话可能是通过不同的路径传过来的，其网包真可谓殊途同归。

同时互联网也在进步，例如，随着世界上越来越多的计算机接入互联网，IP 地址变得枯竭，于是智慧的人类把互联网的协议从 IPv4 开始往 IPv6 演进，如果互联网协议完全移植到 IPv6 的话，人类就不用担心 IP 地址不够了。IPv4 英文是 Internet Protocol

Version 4，翻译成中文是互联网协议版本四。如果想知道 IPv4
和 IPv6 的差别，我想聪明的读者只需问一下"张昭"或"周瑜"
即可。①

2.3.2　互联网的诞生地——美国

　　互联网诞生于美国，早期发展于美国，美国对互联网发展
有着当之无愧的贡献，可以说美国开始了互联网的黄金时代，
同时美国也享受了互联网时代的丰硕果实。20 世纪 80 年代末、
90 年代初互联网开始在美国蓬勃发展，一种基于全新的互联网
技术的沟通交流平台在美国率先诞生，同时美国免费的当地电
话使得美国人可以自由自在地拨号上网冲浪，平台的领先产生
了诸多的创新，各种应用以及相关的产业也率先在美国相继被
发明创造，引领了信息革命的互联时代（笔者把 1990 年到 2020
年称为互联网时代）。从软件的微软，数据库的甲骨文，芯片的
英特尔、高通、博通、德州仪器等到应用的亚马逊、脸书、推特
等互联网时代的世界性的独角兽大企业大多创业在美国，而加
州的硅谷就是互联网时代的高科技代名词。我们常说的 GAFA(谷
歌 Google，亚马逊 Amazon，脸书 Facebook，苹果 Apple ）均
为 20 世纪八九十年代创业而且是一代致富的互联网时代的高
科技企业，这四家公司的股价合计超过了世界上大多数国家的
GDP。

---

　　①　三国演义中，吴王母亲看到吴王犹豫不决，说：先帝留下一句话，内事
不决问张昭，外事不决问周瑜。

2.3.3　互联网发展中欧洲的贡献

欧洲在互联网的发展中有着不可磨灭的贡献。

1984年，欧洲核子中心 CERN 就已经把研究所内部的大型机、工作站（WorkStation）、微机等联成了网络，取名 CERNET，并于 1989 年用 TCP/IP 和外部计算机网络联通，成为互联网在欧洲的主要节点。

笔者认为欧洲对于互联网的最大的贡献应该是 WWW 的发明，正是由于 WWW 的诞生，使得我们现在可以在互联网中非常方便地发布信息，并自由自在地访问网站获取信息。

1991 年 8 月 6 日，世界上第一个网站 info.cern.ch 就是由欧洲核子中心 CERN 的专家设立的。

2.3.4　日本的互联网事件

日本于 1984 年开始组建日本大学网络 JUNET（Japan University NETwork），并于 1989 年联入美国科学财团网络 NSFNET 后并入互联网，可以说日本在亚洲是比较早建设互联网的。

日本的本地电话不是免费的，应该说是比较昂贵的，大概每三分钟需要 10 美分。20 世纪 90 年代上网需要一个调制解调器 MODEM（中国称之为"猫"），在日本上网会产生高昂的电话费，笔者认为这种高昂的本地电话费阻碍了日本普通大众的上网冲浪，而日本其实是世界上最早（1988 年）开始使用 ISDN（64kb/s，最大 128kb/s，月租费用大约 200 美元）服务的国家，只是由于价格昂贵，没能普及，诸如此般使得日本在互联网时代"起了个大早赶了个晚集"。这就是使得日本的一些软件公司在九十年代中后期还以为"海狮汽车"是运载软件补丁最有力的武器的缘故。

　　直到 2000 年，以"用信息技术来使人们活得幸福"为宗旨的孙正义开始了日本软银 ADSL（Asymmetric Digital Subscribe Line，非对称数字加入线，是利用电话铜线来做数据传输的技术，是有线通信技术的一种类型）网的铺设，并于 2001 年开始向日本民众提供最大速率 8Mb/s 可无限量使用数据，而且月租只有 19 美元的 ADSL 服务，取名 Yahoo!BB，如图 2-4 所示。如此高的速率和如此便宜的月租使得 Yahoo!BB 的用户数量在二三年内迅速成长到了 500 万以上，随之其他的运营商也开始降价，日本普通民众在 2005 年前后基本上可以自由使用互联网了，而这比美国人晚了差不多十年的时间。

图 2-4　Yahoo!BB

图片来源自互联网

　　笔者认为正是由于日本没有及时赶上技术革命的互联网时代的步伐，使得八十年代末如日中天的日本没能在互联网时代产生世界级别的独角兽企业，日本媒体从 2000 年开始将其称为日本经济失去的十年，到 2010 年说失去的二十年，在 2020 年又有媒体在说失去的三十年。当然也不排除美国于 20 世纪 80 年代末、90 年代初由于日本的对美巨大贸易顺差发动的日美半导体摩擦，打压日本，逼迫日本签定广场协议等因素。

2.3.5　中国互联网的跟随与后发优势

中国于 1989 年开始讨论组建中国的互联网，以五年为目标建设国家级的四大骨干网。1991 年，清华大学组建了以 TCP/IP 为协议的清华网 TUNET（Tsinghua University NETwork）。1994 年，中科院高能物理研究所的正负电子对撞机北京谱仪（Beijing Electro-Spectrometer，BEP）与美国斯坦福大学的直线加速器（Stanford Linear Accelerator Center，SLAC）之间的链接是中国网络的第一次国际接轨，同年中国科技网联入美国科学财团网 NSFNET，标志着中国加入了全球互联网行列。

由于 20 世纪 90 年代至本世纪初的几年内中国的人均收入较发达国家比低了许多，因此，计算机对于当时普通的中国人来说还是昂贵的奢侈品，可望不可及。近年来，随着中国 GDP 的快速增长，中国人民的收入有了很大改观，加上中国手机行业的兴起和无线网络的快速铺设，在 2021 年，对于大部分中国人来说，一台手机（就是微型计算机）已经是生活工作的必备品了。中国的互联网代表性企业阿里巴巴和腾讯也在近几年内呈现爆发性的增长，成为世界顶级的企业。应该说这些变化和中国巨大的人口数量以及便宜且覆盖齐全的 4G 网络和无线 WiFi 有关，现在的中国人如果离开了手机估计会寸步难行了。

2.3.6　成熟的互联网时代

到目前为止互联网已经发展到了成熟的阶段，人类的生活可以说基本上已经离不开互联网了，就像离不开水、空气、米饭和面包一样。同时也产生了互联网经济，各类网红、油管工（YouTuber）等也在最近几年内相继出现，最近中国罚了一名带货网红巨额罚款，足见某些领域网络经济体量之大。

近两年新型冠状病毒在世界上流行，也正是由于互联网，使得许多公司可以进行远程会议、远程办公，远程也成了新型冠状病毒流行时代的新常态。网上购物也是越来越多人选择的购物方式，阿里巴巴的 11 月 11 日一天的销售额都可以达到上千亿人民币，亚马逊的创始人是世界首富，这些都是互联网时代成熟的产物，连上一届美国总统特朗普先生也采用推特治国，几乎每天都要发多条推特消息，把他要诉说的信息传播给大众。

方便的互联网同时也展现了另外一面，那就是信息的泛滥，假信息多如牛毛。如何在信息泛滥的互联网中获取自己所需要的真正的信息，如何辨别真假信息等有时候或许会令人很头疼。

2.4　21 世纪的互联网的重要技术：从有线通信到无线通信

2.4.1　一个地球，两个世界

1961 年 4 月 12 日，人类第一位宇航员尤里·阿列克谢耶维奇·加加林于莫斯科时间上午 9 点 7 分，乘坐苏联"东方一号"

宇宙飞船在离地面 300 公里上空绕地球一周，历时 1 小时 48 分钟，实现了人类进入太空的愿望。据说加加林在俯瞰地球时说了这么一句话："多么美啊！我看见了陆地、森林、海洋和云彩。"如图 2-5 所示。

图 2-5　俯瞰地球
图片来源自互联网

如今住在我国天官号空间站里面的宇航员看到的地球和 60 年前加加林看到的都是同一个美丽的地球，一个现实的世界。

然而，随着人类科技的进步，互联网的成熟，当今的地球可以说已经有了两个不同的世界：作为生活空间的现实世界和互联网空间的虚拟世界。

我们可以看得到，摸得着现实世界，却看不到，摸不着由人类睿智创造的虚拟世界，然而虚拟世界却实实在在地存在于我们的生活中。

当今的互联网已经开始向物联网扩展，21 世纪的人类既生活在现实世界中，也生活在虚拟世界中，或者说我们人类已经穿梭在这两个世界中。

2.4.2　难舍难分的孪生兄弟——互联网与通信技术

虚拟世界的诞生、发展、成熟依靠的是现代通信技术。

互联网时代初期主要依赖有线通信技术，"网线"这个词想必很多读者听说过，顾名思义就是联网用的线，如图 2-6 所示。

图 2-6　网线
图片来源自互联网

其实在无线网络普及之前，大家都需要一个网线连上计算机才能上网，网线的另一头连着 Hub 或交换机、路由器之类的网络设备。当然互联网上的主要节点的计算机、路由器均由有线方式连接，一般是光纤或是铜线等。

大家在家里用计算机或者手机上网其实是互联网的端末场景。而最近几年，随着运营商无线信号的覆盖，以及 FTTH（Fiber To The Home，光纤到户）的普及而使室内 Wi-Fi 随处可联，人们渐渐地淡化了上网需要网线的概念。有的读者或许真的没有见过上面这张图中的网线，因为他们一开始就用手机上网，确实笔者也没有见过连着网线的手机。

有线联网和无线联网存在一个本质的不同，那就是位置的固定与否。有线联网的计算机一般就固定在某个地方，不能像手机那样，到处移动，所以手机在通信行业里面也叫移动终端，英文为 Mobile Terminal 或者 Mobile Phone。

现在的笔记本电脑其实既可以连有线，也可以连无线，也是大家工作中常用的工具。通信技术是指用有线或无线来对数字信息进行保存、加工、传输、阅览等操作的技术，互联网正是在通信技术发展的基础上日益壮大，发展成为并列于现实世界的虚拟世界。

通信是技术，而互联网是一种架构，一个虚拟状态下的数字化世界，二者互相作用，互相促进。人类的智慧也在发展通信技术的同时，充实着互联网，壮大着互联网。

有的读者也许会问，有线联网比较好理解，无线如何联网呢？看不见摸不着的无线如何传输信息呢？无线是靠什么来通信的呢？

其实无线是靠电波这个载体来传输信息的，下一章，我们看看有关电波的事情。

本节小结：通信技术的发展促进了互联网的壮大。

第 3 章
电磁波与无线通信
——问电磁波为何物,直
教通信人生死相许

3.1 问电磁波为何物

3.1.1 磁场的发现

人类生活的地球上存在着磁场。早在战国时期我国就发明了指南针，也是中国四大发明之一，当时的指南针叫"司南"，意为指向南方，如图 3-1 所示。

图 3-1 司南
图片来源自互联网

而在 1820 年丹麦物理学家奥斯特在给学生上课的时候，无意间让通电的导线靠近指南针，发现指南针发生了方向偏移，说明附件有磁场，如图 3-2 所示。

奥斯特实验
装置：
直导线
电流方向
电流方向
结论：
1. 通电导线周围存在着磁场；
2. 电流的磁场方向与电流方向有关。
——这种现象叫电流的磁效应

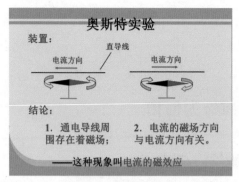

图 3-2　奥斯特实验

图片来源自互联网

不知大家还记不记得初中物理老师讲的右手定则：大拇指代表电流方向，其余四个手指就是磁场的方向，如图 3-3 所示。

电流
右手定则
磁感应线

图 3-3　右手定则

图片来源自互联网

3.1.2　库仑定律的解释

大家知道带电的电荷之间相互有作用力，其作用力的公式叫库仑定律，有点类似于牛顿的万有引力公式，如图 3-4 所示。

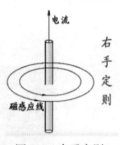

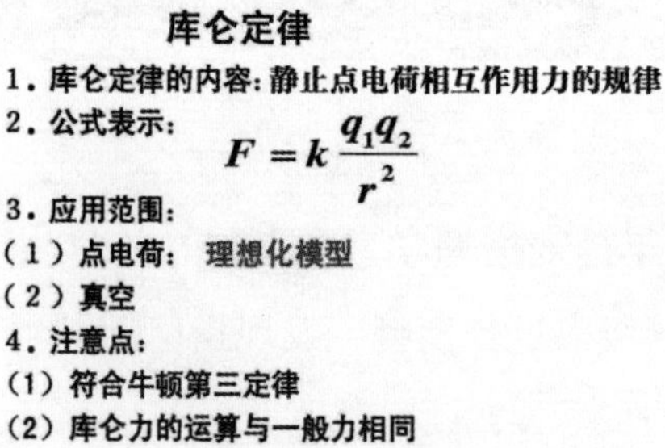

库仑定律
1. 库仑定律的内容：静止点电荷相互作用力的规律
2. 公式表示：
$$F = k\frac{q_1 q_2}{r^2}$$
3. 应用范围：
（1）点电荷：理想化模型
（2）真空
4. 注意点：
（1）符合牛顿第三定律
（2）库仑力的运算与一般力相同

图 3-4　库仑定律

图片来源自互联网

那么，为什么电荷之间会产生作用力呢？这个问题其实困惑了 18 世纪不少欧洲的科学家。19 世纪初期英国物理学家法拉第（Michael Faraday）认为电荷周围会产生一种电场，通过电场作用了别的电荷，相反亦然。

其实当时的科学家也无法解释到底为什么苹果和地球之间会有重力作用，直到 20 世纪初期德国物理学家爱因斯坦的相对论解释了重力场是时空弯曲的表征后，科学家才对重力有了新的认识。

法拉第在得知电流可以产生磁场后发现了磁场可以产生电场，于是法拉第发明了发电机。发电机的诞生可以说照亮了千家万户，使得人类在黑夜中有了光明。

法拉第的数学功底不是太深，因为他没有受过正规的高等教育。这时候又有一位精通数学的物理学伟人出现了，他就是麦克斯韦。

3.1.3　麦克斯韦的预言

麦克斯韦用数学公式表达了法拉第等前辈关于电场、磁场的观点和理论，即被誉为世界上最优美的物理学公式之一的麦克斯韦方程组，如图 3-5 所示。

麦克斯韦方程组

$$\oiint D \cdot \mathrm{d}S = q_0$$

$$\oint E \cdot \mathrm{d}l = -\iint \frac{\partial B}{\partial t} \cdot \mathrm{d}S$$

$$\oiint B \cdot \mathrm{d}S = 0$$

$$\oint H \cdot \mathrm{d}l = I_0 + \iint \frac{\partial D}{\partial t} \cdot \mathrm{d}S$$

图 3-5　麦克斯韦方程组

图片来源自互联网

也许大家已经把老师教的高等物理收拾好放在记忆的角落了，一时想不起来这些方程式的含义，不过没有关系，麦克斯韦方程组讲的就是电场的性质、变化的电场和磁场的关系、磁场的性质，以及变化的磁场和电场的关系。

不过，麦克斯韦的伟大之处不光在于他那些优美的公式，他同时预言了一种叫作电磁波的东西的存在，即变化着的电场产生变化的磁场，变化的磁场又产生电场，在真空中以300000km/s的速度即光速传播的电磁波，如图3-6所示。

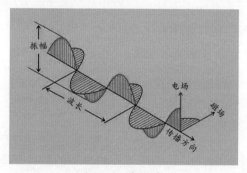

图 3-6　电磁波
图片来源自互联网

同时麦克斯韦也是一个有情有义的人，他用这样的诗表达了对妻子的爱：

你和我将长相厮守

在生机盎然的春潮里，

我的神灵已经

穿越如此广阔的寰宇？

我这就将我的整个生命

导入这生机盎然的春潮，

> 将真正使三个自我
>
> 穿越这世界的广袤。

就像他预言的电场、磁场一样,沿着前进方向三个自我(磁场、电场和传播方向)一起穿越这广袤的世界!

只可惜麦克斯韦英年早逝,四十八岁就离开了人世,没能亲自证明自己预言的电磁波的存在。

3.1.4　电磁波的发现

麦克斯韦预言的电磁波到底是什么呢?虽然看不见摸不着,但是智人的后裔还是发现了它!

如图 3-7 所示,1888 年,德国物理学家赫兹做了一个电磁波发射器和接收器的实验,当接收器的两个小球之间闪出了电火花的时候,麦克斯韦预言的电磁波被证实了。接着赫兹精确地测出了电磁波的速度就是光速,彻底证明了麦克斯韦方程组的正确。

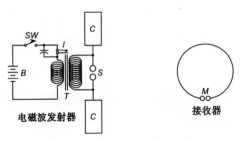

图 3-7　电磁波发射器和接收器
图片来源自互联网

由赫兹证实的麦克斯韦理论也对光做了解释:光其实就是一种电磁波。

在麦克斯韦理论的基础上，随着后续爱因斯坦等伟大科学家的努力，人类开始了对太阳系和宇宙的崭新认识和探索。

麦克斯韦理论也奠定了现代无线通信的理论基础，对于现在的人类如此方便地通过掌中手机沟通方式的确立可谓是功臣元老。

如果有读者有志继续去研究电磁波的话，那自然是通信行业的幸事。

本节小结：科学革命的兴起发现了电磁波——这个看不见摸不着的存在。

3.2 电磁波的种类

3.2.1 电磁波可以传播能量

就像赫兹的实验一样，电磁波可以传播能量。我们在家里收听的广播，看到的电视，大多也是收音机、电视机接收到电台、电视台发射出来的电磁波后解耦出来的里面的内容，才使得我们能听到电台的声音，看到电视的内容。电台、电视台的发射塔往往会放在很高的塔上方，使其能量能够通过电磁波传到更远的地方，覆盖更广的范围。例如，上海电视台的发射塔就建在东方明珠的尖顶上，可以使信号很好地覆盖上海地区。

3.2.2 各种频率的电磁波

电磁波的频率和波长遵循这样的规律：频率 × 波长 = c（光速）。

频率的单位是赫兹（Hz），即每秒多少次的意思，也是以电磁波发现者德国物理学家赫兹的名字来命名的。

波长的单位就是长度的单位，例如米、厘米、毫米等。

频率 × 波长就是电磁波的速度，电磁波的速度就是恒定的 300000km/s。

根据频率的不同（抑或波长的不同），人们把电磁波分成多个种类，如图 3-8 所示。

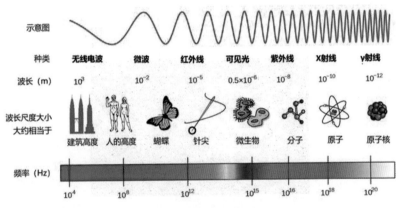

图 3-8 将电磁波按频率分类
图片来源自互联网

人们习惯上根据电磁波的波长的长短，将其大致分为无线电波、微波、红外线、可见光、X 射线、γ 射线。

3.2.3 各种电磁波的特性

电磁波均具有反射、直射、折射、穿透、衍射和散射等特性，根据波长不同，以上的这些特性表现出不同的特征强度。总的说来，随着波长变短，在可见光以后，电磁波会呈现越来越多的粒子性特征，而波长比较长的电磁波则主要表现为波的特征。

下面依次简要地按照波长由短到长介绍各类电磁波的特征。

（1）γ射线。

我们把波长为 10^{-12} m 左右或者更短的电磁波称为 γ 射线，如图 3-9 所示。γ 射线具有很强的穿透能力，能量也比较大，对我们人体的细胞（基因）具有很强的破坏力。γ 射线是由原子核内部发出的能量，一般发生在放射性物质衰变过程中，核试验时在核反应堆中伴随辐射产生，在现代医学中也有 γ 刀作为切割人体部位的手术工具。

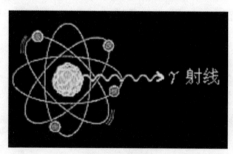

图 3-9　γ 射线
图片来源自互联网

（2）X 射线。

我们把波长为 10^{-10} m 左右的电磁波称为 X 射线（简称 X 光，X 射线是由德国物理学家伦琴所发现的，故也叫伦琴射线），如图 3-10 所示。X 射线是原子中围绕原子核旋转的电子从高能级跳到低能级时所放出的辐射能量（根据原子种类和电子能级的不同，X 射线波长可能最长可以达到紫外领域，短的达到 γ 射线范围）。

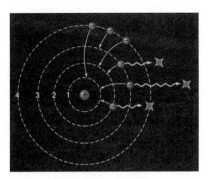

图 3-10 X 射线
图片来源自互联网

现在很多医院里面都有 X 光设备，如果得了新冠肺炎或肺部出现了异常，或者骨折了，医生就可以拍一张 X 光的照片来进行诊断。这主要是利用了 X 射线的穿透特性，以及人体组织的差别吸收的原理拍出了人体内部的照片。读者应该看到过类似图 3-11 所示的图片，其为笔者的 X 射线诊断照片。

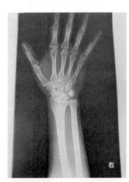

图 3-11 X 射线诊断照片

（3）紫外线。

我们把波长为 10^{-8} m 左右的电磁波称为紫外线。紫外线有杀菌的功效，可以促进人体合成维生素 D，但是人体不能照射太多的紫外线。

（4）可见光。

我们把波长为 5×10^{-6} m 左右的，位于紫外和红外之间电磁波称为可见光。人类对可见光是最熟悉的——我们可以看这五彩缤纷的世界，利用的就是我们眼睛的视网膜对可见光成像的进化机制。

（5）红外线。

我们把波长为 10^{-5} m 左右的电磁波称为红外线。利用红外线测体温的仪器在最近两年比较流行，主要是利用了有温度的物体会发出与其固有温度相关联的红外辐射的原理。红外线在军事、工业等多种领域有着广泛的运用。

（6）微波。

我们把波长为 1mm ～ 1m 之间的电磁波称为微波，是分米波、厘米波、毫米波的笼统叫法。大家比较熟悉的微波炉，就是利用了微波这种电磁波在高频振荡的电磁场作用下，使得食物里面的水分子振动而发热的原理，通俗的比喻可以说成在微波作用下食物内部的水分子摩擦而发热。微波炉一般利用 2.45GHz 的微波振荡。

（7）无线电波。

我们把波长为 1mm 以上（频率在 300GHz 以下）的电磁波称为无线电波，本书后续简称为电波。也有的国家把波长为 0.1mm 以上（频率在 3000GHz 以下）的电磁波定义为无线电波。这就是我们现代无线通信用的电磁波了。

本节小结：现实中有各种各样的电磁波存在。

3.3　用于无线通信的电磁波：（无线）电波

严格意义上来说，电报等也属于无线通信。贝尔发明的电话使得人类由文字信函沟通方式进化到了语音沟通方式，但是那时的电话是固定的，故也叫固话通信，实际上是通过电话线来进行的语音交互。固话不能安装在汽车和火车里，那么，如何利用固定住电话的这根电话线去实现自由自在的移动电话通信呢？本书下面讲述利用无线来实现语音通信的技术和其网络，也就是我们俗称的手机网络。

3.3.1 无线通信电波种类

通信用的无线电波按照电磁波的频率（抑或波长）来分，有许多种类，如表 3-1 所示。

表 3-1 无线电波的频率（波段）划分与应用

频率范围	波长范围	符号	频段	波段	用途
3Hz ~ 30kHz	10^8 ~ 10^4m	VLF	甚低频	长波	音频、电话、数据终端、长距离导航时标
30 ~ 300kHz	10^4 ~ 10^3m	LF	低频	长波	导航、信标、电力线通信
300kHz ~ 3MHz	10^3 ~ 10^2m	MF	中频	中波	调幅广播、移动陆地通信、业余无线电
3 ~ 30MHz	10^2 ~ 10m	HF	高频	短波	移动无线电话、短波广播、定点军用通信
30 ~ 300MHz	10 ~ 1m	VHF	甚高频	米波	电视、调频广播、空中管制车辆通信、导航
300MHz ~ 3GHz	100 ~ 10cm	UHF	特高频	分米波	电视、空间遥测、雷达导航，点对点通信、移动通信
3 ~ 30GHz	10 ~ 1cm	SHF	超高频	厘米波	微波接力、卫星和空间通信、雷达
30 ~ 300GHz	10 ~ 1mm	EHF	极高频	毫米波	雷达、微波接力、射电天文学

许多读者在家里的电视机上可能看到过 VHF 的字样，VHF 的全称是 Very High Frequency，即非常高的频率——甚高频，也可能看到过 UHF 的字样，那就是 Ultra High Frequency，即特高频的意思。也有读者在听收音机的时候听到电台会说"这里是 600 千赫中频广播"之类的，那就是 MF（Middle Frequency），即中频的意思。

3.3.2　无线通信电波的传播特性

电波就是电磁波，就其本身性质而言具有波粒二重性，高频率的电波表现出粒子性质比较多，比如直线传播、反射、折射。低频率的电波表现出波的性质多一些，比如绕射等。当然，干扰是都存在的现象。无线通信运营商在设计和建网架设基站（Base Station）的时候，就需要充分考虑电波所在的频率特征，以便使用户获得最佳体验。

3.3.3　我国移动运营商的无线频谱

目前，我国的移动运营商所使用的频谱主要是 UHF（特高频），SHF（超高频）中的一些片段，由工信部下发给我们习惯上所说的三大运营商：中国移动、中国联通和中国电信。以下介绍中国三大移动运营商的频谱。

中国移动频谱如表 3-2 所示。

表 3-2　中国移动频谱

运营商	频率			带宽 /MHz	合计带宽	网络制式
	频段	频率范围 /MHz				
中国移动	900MHz（Band8）	上行 889 ~ 904	下行 934 ~ 949	15	TDD 频段：355MHz FDD 频段：40MHz	2G/NB-IoT/4G
	1800MHz（Band3）	上行 1710 ~ 1735	下行 1805 ~ 1830	25		2G/4G
	2GHz（Band34）	2010 ~ 2025		15		3G/4G
	1.9GHz（Band39）	1880 ~ 1920 实际使用 1885 ~ 1915，并腾退 1880 ~ 1885		30		4G
	2.3GHz（Band40）	2320 ~ 2370，仅用于室内		50		4G
	2.6GHz（Band41，n41）	2515 ~ 2675		160		4G/5G
	4.9GHz（n79）	4800 ~ 4900		100		5G

中国联通频谱如表 3-3 所示。

表 3-3　中国联通频谱

运营商	频率			带宽 /MHz	合计带宽	网络制式
	频段	频率范围 /MHz				
中国联通	900MHz（Band8）	上行 904 ~ 915	下行 949 ~ 960	11	TDD 频段：120MHz	2G/NB-Io T/3G/4G
	1800MHz（Band3）	上行 1735 ~ 1765	下行 1830 ~ 1860	30		2G/4G

续表

运营商	频率		带宽 / MHz	合计带宽	网络制式
	频段	频率范围 /MHz			
中国联通	2.1GHz（Band1，n1）	上行 1940 ～ 1965 / 下行 2130 ～ 2155	25	FDD 频段：56MHz	3G/4G/5G
	2.3GHz（Band40）	2300 ～ 2330，仅用于室内	20		4G
	2.6GHz（Band41）	2555 ～ 2575，已重新分给中国移动，正在清频	20		4G
	3.5GHz（n78）	3500 ～ 3600	10		5G

中国电信频谱如表 3-4 所示。

表 3-4　中国电信频谱

运营商	频率		带宽 / MHz	合计带宽	网络制式
	频段	频率范围 /MHz			
中国电信	850MHz（Band5，BC0）	上行 824 ～ 835 / 下行 869 ～ 880	11	TDD 频段：100MHz FDD 频段：51MHz	3G/4G
	1800MHz（Band3）	上行 1765 ～ 1785 / 下行 1860 ～ 1880	20		4G
	2.1GHz（Band1，n1）	上行 1920 ～ 1940 / 下行 2110 ～ 2130	20		4G
	2.6GHz（Band41）	2635 ～ 2655，已重新分给中国移动，正在清频	20		4G
	3.5GHz（n78）	3400 ～ 3500	10		5G

中国广电已经获得了 700MHz 和 4.9G 的频谱牌照,成为中国第四家移动运营商,目前正在努力建设无线网络。

3.3.4 脑波是电磁波吗

聪明的读者也许会问,和我们自身关系密切的脑波是不是电磁波呢?脑波是动物的生物电现象之一。由于我们的身体带有微弱的电流,大脑的活动也会有微弱的波,大概有几种波:1 ~ 3Hz 的 δ 波,4 ~ 7Hz 的 θ 波,8 ~ 13Hz 的 α 波,14 ~ 30Hz 的 β 波。所以从电磁波的定义来说,脑波应该算是电磁波,只不过脑波非常微弱,目前的科技还无法精确地测量。笔者认为,脑波也是未来人类科技大有可为的领域。

本节小结:电波相当于无线通信运营商的土地资源。

3.4 世界主要国家的民用无线通信发展历程

3.4.1 快速增长的日本经济诞生了世界上第一张无线通信网

朝鲜战争的爆发,给近水楼台的日本创造了大量的工作,日本也渐渐摆脱了二战之后一无所有的困境,开始进入其经济复兴阶段。进入 20 世纪 70 年代后,日本经济基本上已经羽翼丰满,实现了快速增长。1979 年 12 月 3 日,日本电报电话公司 NTT(Nippon Telegraph and Telephone Corporation)在 800MHz(710 ~ 960MHz)频谱上正式启用全球第一张汽车无线通信网使用证，当时使用该无线网除了需要缴纳 2000 美元的保证金以外，每月还需要缴纳 300 美元的月租费，同时还需要额外缴纳 1 美元 /min 的通话费用，加上电话机重达一两千克，需要安装在汽车里面（不知道汽车里面的安装费用是多少），故只有一些公司的高级管理者才能用得起这种电话。图 3-12 所示为日本的汽车电话。

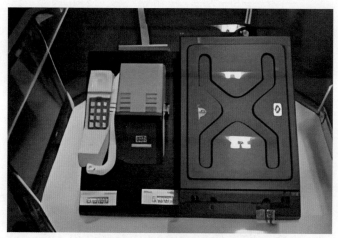

图 3-12　日本的汽车电话
图片来源自互联网

无线通信在军用、安防、消防等领域其实早就开始应用了，这些内容本书不予介绍，还请谅解。

紧随日本，欧美等国相继在 1980 年以后开始了无线通信服务。随着半导体、电子技术的进步，移动电话也越来越小，渐渐地发展到了人们可以随身携带的重量，开始了 1G 的通信时代。那时候有许多制式，例如：

- JTAGS：日本移动电话系统。

- NMT：北欧国家、东欧以及苏联移动电话系统。
- AMPS：美国等 72 个国家（地区）采用的移动电话系统。
- TACS：英国、中国等 30 个国家（地区）采用的移动电话系统。
- C-Netz：西德移动电话系统。
- Radiocom 2000：法国移动电话系统。
- RTMI：意大利移动电话系统。

以上是 1G 时代的模拟信号电话的制式，这么多的标准，山头林立，互不兼容。

在进入 20 世纪 90 年代后，日美欧相继开始使用第二代无线通信商业网络即 2G。2G 时代翻开了数字化无线通信的新篇章，GSM 是 2G 时代的主要通信制式。移动电话变得轻量化、小型化，基本上可以到 100g 的重量级别，使得人们可以像携带钱包一样随身携带电话，同时 PHS（小灵通）、BB 机（传呼机）也相继出现。90 年代日本的手机非常小巧玲珑，故日本人通常把移动电话，即手机叫作携带电话。其实，2G 时代也有许多制式，例如：

- GSM：基于 TDMA，源于欧洲，已全球化。
- IDEN：基于 TDMA，美国电信系统商 Nextel 使用。
- IS-136（D-AMPS）：基于 TDMA，源于美国。
- IS-95（CDMA One）：基于 CDMA，源于美国。
- PDC：基于 TDMA，仅在日本普及。

或许有的读者对于北欧厂商诺基亚的 GSM 手机还有印象。

与 1G 的本质区别是，2G 实现了无线通信技术从模拟到数字的突破。当然 2G 的通话音质已经有别于 1G 的模拟信号，那就是没有杂音。

在进入 21 世纪后，日本 NTT Docomo（从 NTT 分离出来的无线移动运营商）于 2001 年开始启用世界上首例 WCDMA 制式的 3G 无线通信服务。WCDMA、CDMA2000 是 3G 无线通信的制式。手机上网也是从这时候开始出现，只是上网速度比较慢，况且当时的网站（WWW 网站）支持手机访问的不多，3G 时代的手机上网体验实在不可恭维。

3G 时代使用的无线频谱波段也越来越多，感兴趣的读者可以调查一下各国的频谱波段。

3G 的制式有：

- CDMA2000：高通为主导，日韩北美采用。
- WCDMA：主要以 GSM 系统为主的欧洲厂商采用。
- TD-SCDMA：中国移动一家采用。

3.4.2　EVDO 启蒙了 3G 数据通信的梦想之白猫黑猫理论

3G 时代之前移动通信的主要作用是通话，随着 3G 的普及，开始可以做一些数据通信，人们热衷于把声音和数据在规格上进行统一。EVDO 是 CDMA2000 里面专注于数据通信的技术规格，是 EVolution Data Only 或者 EVolution Data Optimized 的简称。这里介绍一下当时关于 EVDO 的命名的对话：

美国高通会长艾文·雅各布（2014 年成为清华大学的名誉工学博士）："EVolution Data Only 这个命名不好，听起来好像只能做数据（data），还是应该叫 EVolution Data Optimized，比较高大上。"

高通公司原高级副总裁松本徹三："不不不，应该叫 Evolution Data Only 比较好，专注于数据通信，就是专注（Only）才显得专业，与众不同，反而比较牛。"

艾文·雅各布："那声音怎么办呢？"

松本徹三："在 EVolution Data Only 边上加一块声音模块即可，未来数据通信会越来越流行。"

这就是关于 EVDO 两种简称的由来的真实对话。

松本徹三先生风趣地把 EVDO 比喻成白猫黑猫理论：

EVDO：声音不能太快，也不能太慢，人的耳朵不能听 10 倍速度的声音。和声音不同，EVDO 可以让数据尽情地传输，在手机里面做些缓存即可。

白猫黑猫：与其大家一样贫穷，还不如允许有能力的人先富起来，之后再去帮助别人。先富起来的人可以把挣来的钱存放在银行里。

大约两年之后，在 WCDMA 上也出现了 HSPA（High Speed Packet Access）的技术，号称 3.5G，推动着 3G 时代的数据通信发展。

孙正义也把松本徹三先生请到了软银集团担任首席战略官。

笔者认为，EVDO 启蒙了移动通信的数据流量的梦想，为后续各种移动通信高速率的技术演进打下了基础，也是移动通信应用从声音走向数据的分水岭。

在 2009 年 12 月，北欧的 Telia 开始了号称 LTE 的 4G 商用，被誉为世界上首次的 4G 商业服务。随后，日本、美国、欧洲等其他国家相继开始了 4G 网络商用。2012 年日本的软银开始了世界上首个 TDD-LTE（Time Division Duplex- Long Term Evolution）的 4G 商用网络服务。笔者从头到尾见证了这世界上第一个 4G TDD-LTE 商用网的建设，而软银的 TDD-LTE 网用的就是中国的华为和中兴通讯的无线基站技术。那么，软银又为何选用中国的 4G 技术呢？让我们先看看中国的移动通信发展历程。

3.4.3 中国的通信发展历程

1. 什么是中国通信史上的七国八制

在 20 世纪 80 年代的中国，家里能安装一部电话的，要么就是当时的"万元户"，要么就是国家配给的。因为在改革开放的初期，中国还没有自己的程控电话系统，更何况是无线通信。80 年代的中国，谁家里安装一部电话，可能要花费掉家里一到两年的收入。当时中国的通信市场依赖的全是国外进口设备，如表 3-5 所示。

表 3-5　中国通信市场的设备

国家	厂商	设备型号
日本	富士通	F-150
日本	NEC	NEAX-61
美国	AT&T	5ESS-2000
比利时	BTM	S-1024
德国	西门子	EWSD
瑞典	爱立信	AXE-10
加拿大	北电	DMS-100
法国	阿尔卡特	E10-B

当时的情形在中国通信史上被称为七国八制！

2. 中兴、华为的诞生

正是在中国通信市场被外国公司垄断的 20 世纪 80 年代，中兴、华为相继在深圳诞生了。

1985 年，当时在西安的航天部某下属研究所内有十年半导体开发经验的侯为贵先生南下深圳，创办了中兴半导体公司。至于为何将公司取名为中兴半导体，或许隐含了中兴创始人想通过发展半导体成就中华民族伟大复兴的愿望吧。创立之初，在开发了 68 门的用户交换机之后，创始人侯为贵先生敏锐地决定去攻克运营商通信网内的局用交换机，果断组织了一批年轻的通信专家启动了该研发项目。

1990 年底，中兴自主开发的 500 门全数字程控局用交换机通过邮电部的全部测试，并由航天部主持进行了部级技术鉴定，被认定为具有自主产权的第一台国产化数字程控交换机，产品名称为 ZX500，成功用于江苏省吴江县桃源镇。

1991 年开始，由中兴研发制造，不用接线员手工插拔接线的全自动数字化程控交换机 CX500 在全国的乡镇邮电局广受青睐。当时出现了人们带着一袋袋现金排队在工厂门口等着提货的现象，当时的中兴财务应该是数钱数得手都酸了吧。

1987 年，华为成立，而华为也在 1993 年推出了 C&C08 数字程控交换机。据说 C&C 为从农村（Country）包围城市（City）之含意。

此后，这两家中国的通信公司和另外两家公司——巨龙和大唐，一度被称为"巨大中华"（巨龙、大唐、中兴和华为），在后续的通信市场上和美国、欧洲、日本的通信厂商展开了激烈的市场竞争，如今中兴和华为这两家深圳的公司已成为了全球通信行业的巨头。

中兴和华为的交换机如图 3-13 所示。这些具有自主知识产权的国内生产的数字程控交换机的出现，彻底改变了我国通信地图上七国八制的格局，也使得电话在广大的农村普及。在竞争的压力下，国外厂家不得不降价，也使得家里有部电话对于中国人来说变得越来越普通了。

1985 年，中兴通讯创立；1987 年，华为成立。如今这两家深圳的公司已经成为了全球通信行业的巨头，图 3-13 为中兴和华为的交换机。

（a）中兴的交换机　　　　（b）华为的交换机

图 3-13

2000 年之后，中国的通信设备商又在 3G、4G 等无线领域继续投入研发。凭着勤奋刻苦的拼搏精神，在 2008 年奥运会前后，以中兴和华为为代表的中国通信企业在 4G TDD 上已经渐渐处于世界领先地位。笔者认为或许这就是软银的孙正义先生选择中兴、华为作为 4G TDD 供应商的理由吧。

3. 中国无线通信的前进步伐

（1）1G：在改革开放的初期，中国大地上还没有一部手机，直到 1987 年 11 月，随着广州的第六届全运会举办，中国开始了第一代模拟移动的通信服务，即 1G 的商用。有的读者可能还见过一种叫"大哥大"的沉甸甸的手机，那时候能拥有"大哥大"（如图 3-14 所示）的都是有钱人、万元户等。

图 3-14 "大哥大"
图片来源自互联网

中国于 2001 年停止了 1G 的网络服务。

（2）2G：中国于 1996 年使用了 800MHz、900MHz 和 1800MHz 频段，开始了 GSM 网络的商用。和没有统一的 1G 标准下的网络相比，2G 的 GSM 是国际标准，可以实现国际漫游等业务，加上数字化的优势，2G 网络在我国和世界上许多国家都有很强的生命力。

图 3-15 为我国引进的第一台 2G 手机——爱立信 GH337。

图 3-15　爱立信 GH337

图片来源自互联网

（3）3G：中国的 3G 时代开始得相对比较晚，从 2009 年才开始，而且中国的 3 家运营商采用了 3 种标准：中国联通采用了 WCDMA；中国电信采用了 CDMA2000；中国移动采用了 TD-SCDMA。

中国在自己的 SCDMA 标准的基础上加上了从欧洲西门子公司购买的 TD-CDMA，得到了中国自己的 TD-SCDMA 国际标准。也只有中国移动采用了中国制式 TD-SCDMA 标准，并为后续中国的 4G TDD LTE 发展奠定了基础。

（4）4G：在 2013 年 12 月，工信部颁发了 4G 牌照，中国三大运营商开始了 4G 的商用服务。

三大运营商采用的标准如下：

中国联通：TD-LTE、FDD-LTE。

中国电信：TD-LTE、FDD-LTE。

中国移动：TD-LTE。

结合 3G，聪明的读者很容易明白为什么中国移动只用 TD-LTE 了。

（5）5G：2019 年 5 月，当时的美国政府突然宣布了对华为的制裁，继中美贸易战后，开启了中美科技战的序幕。据报道，原本定于 2020 年进行的中国的 5G 商用牌照发放提前了，中国工信部于 2019 年 6 月发放了 5G 商用牌照，标志着中国无线通信正式进入了 5G 时代。

4. 中国无线通信发展策略

无线通信基本上每 10 年会有一次技术的迭代。可是中国从 2008 年的 3G 时代之后，基本上每 5 年就会推出新的一代技术，这和中国的无线通信策略相关。

纵观 30 多年中国无线通信发展的历程，可以看出中国无线通信的发展策略：1G 空白，2G 跟随，3G 突破，4G 同步，5G 领先。现在包括中国在内的世界上的许多国家的许多运营商已开始了 5G 商用服务，可以说人类已经进入了 5G 通信时代。

在讲述 5G 之前，我们先看一下当今人们不离不弃的掌中宝：手机。

本节小结：相对于日本、欧美，中国的无线通信起步晚，但是 3G 之后发展速度非常快。

3.5　生活中离不开的手机

3.5.1　手机是什么

和家里的有线电话不同，手机被我们叫作移动电话或无线电话，日本人将其叫作携带电话，英文是 Mobile Phone。简单地说，手机就是一种可以接收和发射特定的无线电波的，在移动过程中依然可以通信的便携式电话终端装置。

3.5.2　手机种类

手机大致可以分为功能手机和智能手机两大类。

功能手机是一种比较低端的手机，原则上只能接打电话，只能使用生产厂家固化的一些应用程序，用户不能自己安装喜欢的程序等，是一种封闭的终端装置。

智能手机其实相当于一台高性能的小型掌中计算机，带有操作系统，除了基本的接打电话等功能以外，用户还可以自己下载安装喜欢的应用程序。现在大多数人都用上了智能手机，可以接打电话，上网查阅资料，打游戏，玩微信等。

目前大部分用户用的应该是智能手机了，智能手机从操作系统上，大致分为两大类，即苹果的 iOS 操作系统和安卓操作系统（Android OS）。

苹果的 iOS 系统只能用在苹果手机上，不对外开放，属于一个完全封闭的系统。

安卓操作系统是由谷歌公司提供的开放的手机操作系统，苹果公司以外的手机厂商都使用安卓操作系统。

最近两年，随着美国打压华为的力度越来越强，华为公布了其"备胎"的操作系统，就是在中国国内网上比较受关注的鸿蒙系统（Harmony OS），据说已经有超 1 亿部的手机装上了鸿蒙系统。

除此之外，微软的 Windows OS、加拿大的黑莓操作系统（Blackberry OS）、火狐（Firefox）系统等也可以装载在手机上，只是数量非常有限。

3.5.3　手机在现代社会的作用

前面提到过"一个地球，两个世界"的说法，笔者认为手机正是把人们所处的现实世界和虚拟世界相连接的工具，当然也是当前人类相互沟通交流的有力辅助工具。当今许多人其实时常来回穿梭在这两个世界之间，1小时不看看手机，手心就开始发痒了。

本节小结：手机已经是我们生活的一部分。

第 4 章

后疫情时代的到来
和 5G 时代的开始

近两年来，新型冠状病毒在全球的流行，给人类的生活、出行带来了不少限制。历史也已经敲响了 2022 年的钟声，像奥密克戎这样的新的病毒株也在欧美大肆泛滥，有的媒体称我们已经进入了后疫情时代，在成熟的无线通信 3G、4G 的技术支撑下，人类的手机交流、远程沟通并没有减少，根据世界电器通信组织——国际电信联盟（ITU）的统计，2020 年的互联网过境流量为 718TB/s，同比上一年度增长了 37.7%，其中亚太地区增长了 41%，欧洲和美国增长了 20%，根据 IDC 的预测统计，2020 年全球生成和消费的数据为 58ZB（1ZB 为 1021B）。以中国、日本、美国、韩国、欧洲为主导的世界上的几十个国家已经拉开了 5G 通信的序幕，宣告着人类进入了 5G 时代，即第五代移动通信系统时代。

中国有句古话：温故而知新。我们简要看看 5G 之前 40 年的各代通信系统的特点，可简单归纳为：开天辟地为 1G，数字时代的 2G，多媒体现身 3G，智能机独占 4G。

1G 以 FDMA 技术为支撑，模拟信号传输语音，开启了蜂窝网络的架构。

2G 以 TDMA 技术为支撑，开创了数字化语音新时代，开启了数据通信的前奏曲。

3G 以 CDMA 技术为支撑，实现了数据的高速化，为智能机的出现奠定了基础。

4G 以 OFDMA 技术为支撑，实现了进一步的数据高速通信，智能机一统天下。

那么 5G 呢?

在 2017 年，当时中国的微信圈里面有这样的对 5G 速度的描述：如果你用 5G 手机，晚上忘了关机的话（下载文件一整晚），第二天早上你的房子就是电信公司的了。在 1GB 的流量价值几十元人民币的当时，这样的描述也体现了手机用户对未来 5G 之快的幽默态度。

下面说说 5G 的特别之处。

4.1 5G 的特征

简单地说，5G 的特征有速度快、连接多、时延短。

4.1.1 5G 速度很快

3G 时代初期，虽然可以使用手机上网了，但是上网体验不爽，感觉非常慢。到了 4G 时代，上网速度为 3G 的 10 倍以上，让手机上网变得如此普通，我们许多人用了智能机。手机互联网蓬勃发展，微信、Line 等各种社交工具层出不穷，也出现了像抖音这样的占用许多流量的视频 App，如果你不在乎流量的话，可以说 4G 时代的智能手机已经让人类生活变得非常方便且丰富多彩。

和 4G 相比，5G 的速度大概为 4G 的 10 ~ 20 倍，最高峰值速度可以达到 20Gb/s，如果一个用户独占了一个基站，用 5G 网络来下载一部 DVD 电影大概也就耗时几秒钟，可是基站往往是许多用户在连接使用的，因此 5G 网络的用户体验速率基本上会在百兆比特每秒级别，预计 5G 时代 4K、8K 视频、VR（虚拟现实）等大流量 App，用户都相继可以在手机上体验。

这个特征在通信术语里面叫作 EMBB（Enhanced Mobile Broad Band），即增强移动宽带，简称高带宽。

4.1.2　5G 连接很多

在 3G、4G 时代，如果在人流拥挤的火车站，或者在挤满观众的体育馆里面，有时候你会发现手机连接不上网络。其实，3G、4G 网络在设计的时候大概是按照每一万平方米内有 1 万个人连接设计的系统，也就是说每平方米一个人（一个连接），因为 3G、4G 网络实质上就是针对人的通信需求而考虑的，确实一平方米里面挤 2、3 个人不太现实。5G 网络是按照每一万平方米 100 万个连接来设计的，也就是说每平方米有 100 个连接，一平方米里面不可能站立 100 个人，所以 5G 网络面向的对象除了"人"以外，更多的还有"物"。

这个特征在通信术语里面叫作 mMTC（massive Machiine Type Communication），即海量机器类通信，简称海量连接。

其实中兴通讯时任总裁史立荣先生率先于 2014 年发布了万物互联的 MICT（Man-Man，Man-Machine，Machine-Machine Information Communication Technology，即人与人、人与物、物与物的情报通信技术）战略，其实就是预先看到了未来 5G 的发展方向，提前布局了 5G 的研发。其中中兴通讯于 2015 年提出的 Pre-5G 和 MassiveMIMO 产品（后续有说明）等均为 5G 时代的先驱，体现了中国的通信厂家做一代产品，超前布局下一代产品，提前思考再下一代的战略思维。

4.1.3 5G 时延很短

当一部汽车以 50 千米 / 小时的速度在行驶的时候，100 毫秒（0.1 秒）汽车驶过的距离是 1.388 米，也就是说如果你发现紧急状况，在 0.1 秒内做出反应，立刻刹车的话，其实汽车要在 1 米以外的地方才能停住。5G 网络的反应速度很快，也就是 5G 网络的时延很短，其理由是在 3GPP[①] 的 Release16[②] 中约定 5G 的时延是从终端到基站为 1 毫秒，即反应非常敏捷，意味着 5G 网络不会"顿"，更不会"卡"，而且 5G 网络的通信还非常可靠。

这个特征在通信术语里面叫作 URLLC（Ultra-Reliable and Low Latency Communication），即超可靠低延迟通信，简称低延迟。

最近常听到 5G 时代自动驾驶来临的说法，笔者认为根据自动驾驶系统的设计不同，并不是说没有 5G 就不可能实现自动驾驶，也并不意味着光靠 5G 就可以实现自动驾驶，而是 5G 的 URLLC 特征很可能会在自动驾驶系统中起到很强的辅助作用。

本节小结：5G 具有三大特征，即速度快、连接广、时延短。

---

① 3GPP：3rd Generation Partnership Project，第三代合作伙伴计划，是国际电信联盟为了实现第三代移动电话系统的规范化而成立的一个旨在以全球通信标准规范统一为目标的计划。

② Release16 是指 3GPP 发布的第 16 个版本。

4.2 5G 利用的技术

4.2.1 5G 用的频谱

5G 网络使用的频谱的通俗说法有两种，低频谱，即 6GHz 以下的频谱，也叫 Sub6，在 3GPP 协议中被定义为频率范围 1（Frequency Region 1，FR1）范围为 450MHz ~ 6GHz；高频谱即 24GHz 以上的频谱，也叫 mmWave，中文为毫米波，在 3GPP 协议中被定义为频率范围 2（Frequency Region 2，FR2）范围为 24.25 ~ 52.6GHz，之所以叫毫米波是因为这些高频谱的波段波长在毫米量级。

总体来说，Sub6 的电波由于波长比较长，其绕射性能比 mmWave 毫米波的电波性能要好，故用作网络的覆盖比较好，而 mmWave 毫米波基本上只能靠直射、弹射、散射来传播而且衰减很快，则比较适合作为热点，或无阻挡空间的小部分覆盖。由于毫米波处于高频谱，用于5G通信的波段比较宽，故可以做大容量的传输。

5G 增强移动宽带得益于 5G 频谱波段。

根据香农第二定理，即有噪声信道编码定理，通信速度的快慢主要由频谱波段决定，其实很容易理解 5G 为何可以实现增强移动宽带了，如图 4-1 所示。

$$C = W \log(1 + \frac{s}{n})$$

其中：

C：信道容量

图 4-1 香农第二定理

W：频带宽度

$\dfrac{s}{n}$：信噪比

图 4-1　（续）

图片来源自互联网

公式里面的 C，即信道容量，可以理解为通信的速率，W 就是频谱的带宽。由于 5G 用到了比 4G 更高的频谱，故可以分配更多的带宽给 5G 通信用。

例如，中国的三大移动通信运营商的 4G 频谱合计为 320MHz，而在中国 5G 的频谱，Sub6 频谱合计为 460MHz。毫米波波段上，中国虽然还没有发布毫米波的许可证，估计合计也会有 8GHz 左右的频宽，单纯从频谱上看 5G 频谱就是 4G 的 20 倍以上，因此 5G 的频谱可以保障 5G 的 EMBB，即增强移动宽带的特征，图 4-2 为 Sub6 和 mmWave 毫米波。

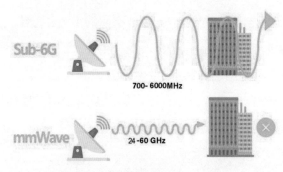

图 4-2　Sub6 和 mmWave 毫米波

图片来源自互联网

4.2.2　5G 的频谱利用技术

5G（实际上从 4G 就开始了）对无线频谱的利用效率有了很

大提升，主要是利用了 OFDMA（Orthogonal Frequency Division Multiple Access，正交频分多址）技术，也是 OFDM（Orthogonal Frequency Division Multiplexing，正交频分复用）技术的演进，二者对无线资源的分配如图 4-3 所示。

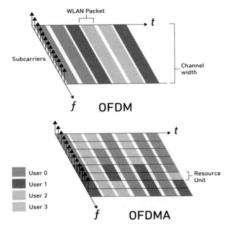

图 4-3　OFDM 和 OFDMA 分配无线资源

图片来源自互联网

如果使用卡车运输进行比喻，如图 4-4 所示。

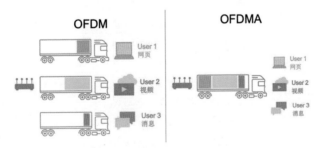

图 4-4　卡车运输比喻分配无线资源

图片来源自互联网

可以看到 OFDMA 技术大幅提高了频谱的使用效率，加上

5G 频谱本身可利用的波段增宽，所以 5G 网络有增强移动宽带的特征。

当然 5G 技术里面还有别的技术可以更加有效地实现频谱的高效利用。下面简单介绍一下最有效的提高频谱效率的技术 MassiveMIMO（Massive Multi Input and Multi Output），即大规模多输入多输出技术。

MassiveMIMO（大规模多输入多输出技术）是一种大规模天线阵列的使用技术，最早是由贝尔实验室提出并实验验证的。MassiveMIMO 通过多根天线（一般来说 64 根以上，也有 128 根或 256 根的）或多根天线的一部分形成多个窄的波束，分别辐射于小范围的用户空间，使得无线传输链路的能量效率提高，从而成倍或成几倍地提高频谱利用效率，达到提升 5G 速度的效果，如图 4-5 所示。

图 4-5 MassiveMIMO
图片来源自互联网

MassiveMIMO（大规模多输入多输出技术）在 4G 网络上其实就已经实现了。早在 2013 年，当时 ZTE 中兴通讯的 CTO 赵先明博士就开启了基于未来 5G 核心技术的 MassiveMIMO 的公关研发项目，并于 2015 年底发布了基于 4G 网络的 MassiveMIMO 基站，由于当时世界上还处在 4G 建网阶段，ZTE 中兴通讯首席科学家向际鹰博士把这款技术称为 Pre-5G，其实预告着 5G 时代的脚步声已经临近。中兴通讯也于 2016 年在巴塞罗那世界移动大会上获得了最优无线技术奖和杰出无线技术奖。笔者认为其实这是标志着中国厂商会在未来 5G 标准、5G 技术、5G 研发上均具有领先优势的两项奖项。

本节小结：多种技术助力 5G 通信发展。

4.3　中美日等国的 5G 基站建设情况

下面简单介绍一下中国、美国和日本等国的 5G 网络建设情况，由于 5G 网络还在建设之中，笔者就已有的数据做一些介绍。

继 2018 年韩国平昌冬奥会 5G 试点之后，2019 年 4 月 3 日韩国三大无线运营商正式宣布开始 5G 网络商用，人类社会正式开始规模商用 5G 网络技术。

4.3.1　中美日等国 5G 商用开始时间

美国 Verizon 公司于 2019 年 4 月 3 日（和韩国运营商同日，由于时区关系，实际比韩国晚几个小时）也宣布开始 5G 商用。2019 年 5 月份，美国的 Sprint 公司宣布 5G 的商用，2019 年 6 月份，美国的 AT&T、T-Mobile 公司也相继宣布 5G 商用的开始。

在 2019 年 10 月 31 日的中国信息通信展览会上，中国工业和信息化部宣布开始 5G 商用，次日中国移动、中国联通、中国电信开启了中国的 5G 网络商用服务。

日本三大运营商 NTTDocomo、KDDI、Softbank 于 2020 年 3 月底宣布了 5G 的商用开始，继韩国、美国、中国之后，日本也进入了 5G 无线通信时代。

4.3.2 中美日 5G 频谱的侧重点

中国无线运营商的 5G 频谱主要专注在 Sub6 上，同时兼顾了 24GHz 以上的毫米波频谱。目前中国以 Sub6 的 5G 基站为优先建设，发挥了 Sub6 的优秀的覆盖能力。

美国由于 Sub6 的频谱被气象占用，被电视信号占用，以及被军事占用等因素，无法有效利用 Sub6 的频谱，故美国侧重于毫米波基站的建设。

日本总务省发放了 Sub6 和毫米波的频谱许可，由于日本 Sub6 的频谱存在许多干扰，故日本运营商还无法 100% 开启 Sub6 的 5G 基站，在频谱规划上呈现出长期频谱战略规划的局限性。

4.3.3 中美日 5G 网络建设中使用的供应商

中国的 5G 供应商是以华为、中兴为主的中国厂商，加上爱立信、诺基亚为辅的外国厂商。

美国、日本则以中国厂商的 5G 技术有安全隐患为由，旨在建设所谓的"清洁网络"，彻底排除了中兴、华为在美国和日本的 5G 建设，使用了爱立信、诺基亚、三星电子等厂商的 5G 设备。

4.3.4　目前为止中美日 5G 基站的建设简况

根据截至 2023 年 10 月的统计数据，中国已经建设了 320 万个 5G 基站，基站数量占据世界总数的 80% 以上；5G 用户数量也超过了 7 亿，占据世界近 80% 的用户数量。

另外笔者根据截至 2023 年 10 月的初步统计，美国全国已经建设完成了约 15 万个 5G 基站。日本起步虽然比较晚，但也已经建成了 67000 个 5G 基站，韩国已经建成了 203000 个 5G 基站，欧洲 27 国共建成 346000 个 5G 基站。世界上主要国家的 5G 基站建设情况如图 4-6 所示。

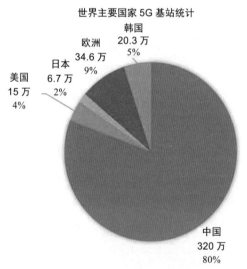

图 4-6　各国的 5G 基站建设情况

4.3.5　日本乐天的挑战：Open RAN

2019 年，日本乐天公司开始 4G 网络建设，成为日本新的无线运营商，并于 2020 年 3 月取得了频谱许可并开始着手 5G 网络建设。与世界上其他无线运营商使用中兴、华为、爱立信、诺基亚、三星等厂家的封闭式系统设备不同，日本乐天采用了 Open RAN 的架构，旨在基于 Open Interface（公开的接口）来构建无线网络，其公开的接口由 O-RAN Alliance 的联合团体来定义。乐天采用了不同厂家的硬件，通过自家软件连接硬件，正在努力构建全球首个 Open RAN 的 4G/5G 网络。

4.3.6 日本无线技术的心结

从 1G 开始，日本一直处于无线通信的领先地位，但是猛然抬头一看，现在世界上的无线供应商市场中已经基本没有日本公司了，严格来说，在全球无线供应商市场上日本公司占了 1% 的份额。2020 年，日本电报电话公司（NTT）出资 6 亿美元给日本电气公司（NEC），为实现"共同开发，以创新的光·无线技术，重返全球通信江湖"。日本政府公布的 Beyond 5G 里面明确规定了日本企业要在 2030 年之前弥补 5G 落后的发展进程，同时抢占至少 10% 的 6G 专利。目前日本公司正利用美国的排中政策，积极在日本本土和欧洲推销其 Open RAN 5G 技术，尽管在性能测试方面还远远落后于中兴、华为等中国厂家的 5G 技术水平。

4.3.7 日本的 Local 5G

4G 以服务"人"为目的，而 5G 则除了服务"人"以外，还可以服务于各种各样的"物"，有助于扩展 IoT（Internet of

Things，物联网）赋能垂直行业，基于日本拥有强大的制造业基础，日本政府采取了无线运营商的公网＋企业的专网的5G发展模式，这个企业5G专网就是Local 5G，看来日本政府希望企业能够借助于Local 5G制度增强其行业竞争力，目前NEC、富士通、索尼、松下等日本公司均在开发各自的Local 5G系统。Local 5G也是未来垂直行业应用中需要关注的部分。截至2022年1月底，日本已经有接近上千个的Local 5G的基站建设完毕，预计未来5G无线宽带——空中光缆（Air Fiber），可以在垂直行业的应用中发挥作用。

本节小结：世界各国正在努力建设5G网络，中国在5G基站数量上目前处于领先。

4.4 5G的各种流言

4.4.1 5G电波对人体有害吗

在5G建设开始前后，有许多流言，其中人们关心的一个话题就是5G基站的电波是否对人体有害。

首先电磁波对人体的伤害主要通过两种方式，第一种是高能量的电磁波对人体的皮肤或其他组织的辐射，第二种是利用频率接近的共振原理，电磁波使得人体的组织内的分子或分子键产生共振发热继而引起伤害。第一种类似于人类去医院接受X光检查，第二种类似于微波炉的原理（微波炉是利用2.5GHz的电磁波来共振食物里面的水系分子等，而使其内部摩擦发热来达到加热的效果）。这两种方式都需要极高的能量，而 5G 基站的发射功率和微波炉及 X 光照射相比还非常小。在利用 5G 手机接收 5G 基站电波进行通信的时候，人体接收的电波辐射能量实在太小了，一般说来不会引起伤害。但是 5G 时代手机互联网发达，手机社交变得非常方便，加上网上各种视频、图片丰富了人们的视觉，出现了类似"低头族"的人群，或者长时间手握手机、长时间讲电话和长时间玩微信或 Line 的行为可能会使人体的肌肉、关节等部位产生不适，不过这不是 5G 电波的结果。

4.4.2　5G 电波影响飞机——美国的纠纷

2021 年底，美国联邦航空管理局（Federal Aviation Administration，FAA）声称 5G 网络可能会干扰飞机上的一种叫作"无线高度仪"的设备，从而影响飞机高度的测量，美国的几家航空公司也要求美国的无线运营商推迟 5G 网络的开通等。

代表美国无线通信行业的 CTIA（Cellular Telecommunications Industry Association，蜂窝电信工业协会）以及联邦通信委员会（Federal Communications Commission，FCC）出面反驳 FAA 的说法，引发了激烈的冲突。目前为止，美国的无线运营商暂时停止开启机场附近的 5G 基站使用。如何打开这个僵局，还值得行业关注。

4.4.3　5G 导致了新冠病毒吗

根据拆除 5G 基站的英国人说法，新冠病毒的蔓延与 5G 相关，因此烧毁了几座 5G 基站，还声称此举完全是为了抗击疫情。随后英国政府出面发布 5G 基站和新冠病毒没有本质的联系等辟谣声明。

不过英国政府倒是宣布要在 2027 年前拆除所有已建成的中国华为的 5G 基站，这应该是政治原因了，而非病毒理由。图 4-7 为反对 5G 的英国人。

图 4-7　反对 5G 的英国人

图片来源自互联网

本节小结：关于 5G 的各种议论，都应该遵循科学原理。

4.5　为什么人类对于 5G 有如此的期待

尽管有各种各样关于 5G 的流言，技术革新的步伐却从来没有停止过。在 2020 年 1 月初笔者参加的日本钢铁联盟的新年会上，6 位新年致辞者中有 5 位说到了，我们要迎来光明灿烂的年代，因为 5G 到来了。虽然不能直接联想到 5G 和钢铁的关系，不过或许新生事物的诞生总是让人兴奋，或许 5G 网络的特征赋予了人们更多的想象空间。比如说，5G 可以促进现有行业的成长；5G

可以产生新的应用，带来新的工作岗位；5G 可以扩大市场；5G 可以带来更高的效率，压缩更多的成本；5G 可以促进云和大数据、AI 的快速发展，从而带来新的创新机遇等。下面举例说明。

说起中国的工厂，大部分人联想到的可能会是密密麻麻的坐满了操作工人的生产线，这里介绍一下中兴通讯设在中国江苏某地的 5G 工厂的特点。

（1）工厂内搬运实现自动化。

装有 5G 模块的小车，叫作自动引导车（Auto Guided Vehicles）替代了人工推车，在工厂内部载着各种物料，选择事先设定的路线或者智能选择最优路线，把物料及时精确地运到生产线上。自动引导车上装有多种传感器和相当于眼睛的镜头，通过 5G 随时和云算力通信，可以做到"眼观六路，耳听八方"，遇到别的自动引导车也会像人一样谦让一下，让优先度高的车先走。

（2）机械手替代了工人的双手。

在 5G 工厂里面，人工装备，人工检查等人工操作已经被机械手所取代，由于机械手没有肌肉，不会发生肌肉酸痛的生理现象，可以 24 小时"精神抖擞"地工作在生产线上。

（3）没有照明的生产线。

由于大部分工作都由机器在操作，人基本不需要进入生产线，故 5G 工厂里面大部分生产线已经不需要照明，据笔者所知，整座工厂实现了 80% 无照明生产。

（4）实时数字孪生管理。

没有照明，并不意味着看不见，相反在 5G 工厂的控制中心，各条生产线的各个环节的状态可以利用 5G 通信实时地在监控屏幕上反映出来，虚拟现实的数字孪生系统可以实时观察到各个点的生产情况。

据说，中兴通讯的 5G 工厂可以每分钟生产 5 台 5G 的基站。

诸如此类的变化，让人们有着强烈的 5G 期待。

或许刚好可以借用前中国移动总裁李跃的话：5G 改变社会。

那么下面我们一起探讨一下 5G 会如何改变我们的人类社会。

本节小结：世界各国非常期待 5G。

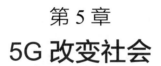

第 5 章

5G 改变社会

目前 5G 在各行各业的应用是人们热议的一个话题，各类讲述 5G 的书籍杂志也随处可见，读者也可以比较容易地在网上找到这些资料，毕竟人类社会已经是智能机时代了。

5G 与前几代无线通信技术的关键差异是，从面向消费者，提升用户的体验和感知，进而转向对各行各业和社会管理方面的渗透，5G 时代将会出现前所未有的各种新的应用。

5.1　可持续发展目标

可持续发展目标（SDGs）是 2015 年联合国制定的到 2030 年的可持续发展目标，英文为 Sustainable Development Goals。里面设定有 17 项目标，虽然没有法律约束力，但是希望各国都能够建立国家框架，积极投入实现这 17 项目标的事业中去。本节就 5G 的特征及关联技术来阐述 5G 在实现这 17 项目标中能发挥的作用。期待 5G 能够使得我们这个地球成为更美好、更和平、更平等、更宜居的人类社会。

5.1.1　无贫穷

目前世界上还有约 10 亿人口处于每天的生活费在 1.25 美元以下的生活水平，被定义为贫穷人口。贫穷可能是多种原因造成的，比如社会的不稳定、国家的产业政策、自然环境影响、教育水平低下、信息落后、机会不平等、公共卫生危机等。

5G 时代应该实现远程教育的普及，同时接受教育的成本也应该可以大幅降低，期待这些贫穷人口可以在 5G 技术支撑下，不需要昂贵的学费也能接受良好的教育。提高贫穷人口的教育水平，或许是一条有效的使之脱贫的路。

5.1.2　零饥饿

在一些贫穷落后的，或者有战争的国家和地区存在着饥荒的现象，或者突发性的自然灾害发生时，往往伴随着饥荒现象的发生。

联合国对于饥饿地区也有援助项目，对于如何合理地、公平地、有效地把支援的粮食送到饥饿的人手里，5G 时代或许可以利用便利的沟通、发达的物联网（IoT）来更加有效地解决这一问题。同时也可以有效地抑制发达国家的粮食浪费等现象，把我们智人祖先曾经为之烦恼的粮食更加高效地分配给全体智人的后裔。

5.1.3　良好的健康与福祉

在 5G 时代，更多的人可以利用 IoT 设备来记录人们的躯体活动信息。现在流行的智能手环可以测量到携带者的心率、呼吸频率等各种生理指标，当然不远的未来可能能够测量到血糖值、脂肪率等指标。越来越多的健康 App 也会在 5G 时代如雨后春笋般出现。

这些随身穿戴的设备可以每时每刻地测量我们身体的性能数

据，当然可以对亚健康状态发出警告，提醒人们需要注意，也可以在接受治疗的阶段时刻关注进程，提醒病人或者医生。

在 5G 时代，一个比较热门的话题就是远程医疗。由于 5G 的 EMBB 和 URLLC 的特征，远程医疗变得越来越现实，低延迟的大数据的图像传输使得远程的医生可以看清病人的各种症状，宛如坐在病人对面一般。达·芬奇机器人手术系统的远程版本会不会在 5G 时代实际运用值得关注。

5.1.4　优质教育

前几年新型冠状病毒感染在全球的流行，阻挡了人类正常的交通移动，于是远程办公、远程会议、远程上课等越来越多。

以前去美国留学的学生必须申请签证，前往美国的学校才能接受教育，还有我们从小就习惯于背着书包去上学的求学方式，然而，这两年，许多人身在中国却上着美国大学的课，许多学生在家里用计算机、Pad 等设备在听着老师讲课。

5G 时代越来越多的远程教育或许可以使得学生足不出户也能够享受到身临其境的教育，如果学费制度改革的话，可以使得越来越多的低收入家庭的孩子接受全国范围，乃至世界范围的良好的教育。

总之，5G 的普及，从技术上来说基本上可以实现平等教育，消除教育的不平等。

5.1.5　性别平等

随着 5G 时代的发展，人类的优质教育实现普及，更多的工作岗位诞生，加之沟通的便利、信息的灵通，希望可以大幅度增加女性的社会活动，为实现真正的性别平等助力。

5.1.6　清洁饮用水和环境卫生

5G 时代物联网（IoT）的普及可以在水资源的各个节点进行实时监控，确保人类赖以生存的有限的淡水资源不被污染，或者在有污染的情况下第一时间得知并实施去污措施。

同时也可以有效地监控水资源的平衡和调度，使得人类能够更加有效地利用水资源，保障人类清洁的饮用水。

5.1.7　经济适用的清洁能源

目前地球上大约有 30 亿人依靠着燃烧木材、煤炭或干燥后的动物排泄物来生火、做饭、取暖，该行为排放了 60% 的温室气体。除了现有的煤炭发电、天然气发电、水力发电和核能发电以外，人类也在大力开展自然资源发电，例如太阳能发电、风能发电、海水波浪发电、地热发电等多种方式，希望能减少温室气体的排放。几乎所有的这些发电方式都需要监控，而 5G 时代的物联网（IoT）技术刚好可以发挥作用，使得人类可以更多地，更加高效地获取清洁能源。

5.1.8　体面工作和经济成长

全球移动通信系统协会（GSMA）会长葛瑞德（Mats Granryd）表示："5G 构成了世界迈向智能连接时代的重要组成部分，随着物联网、大数据和人工智能的发展，它将成为未来几

年经济增长的关键驱动因素。"从经济效益上来看，有报告称 5G
会给全球带来 2.2 万亿的经济增长。另外和 IoT、AI 结合，5G 在
工业制造领域预计也会发挥强大的作用，推动工业制造的高效率、
低能耗、多品种、少人工的智能制造（Smart Production）的成熟
与发展。根据日本钻石周刊的预测，5G 几乎会对各种产业产生
影响，仅对日本而言，预计，将对日本的交通物流行业产生 2100
亿美元的经济贡献；对工厂、办公场地产生 1340 亿美元的经济
贡献；对医疗健康、老人护理行业产生 550 亿美元的经济贡献；
对零售金融行业带来 350 亿美元的经济贡献；对智能住宅的不动
产行业带来 200 亿美元的经济贡献；对其他如体育、旅游、建筑、
农林、水产、教育行业等也可带来几百亿美元的经济贡献。

5.1.9　产业创新和基础设施

就像互联网诞生初期，GAFA 在美国的诞生一样，在 5G 平
台上的各类创新预计也会层出不穷，新的技术平台的诞生也必然
在人类的睿智下产生出各种各样的新的服务于人类的应用，笔者
也由衷期待一些读者能够在 5G 时代创新创业，大干一番事业。

5.1.10　减少不平等

5G 时代会使得信息的流通更加快速，更加平坦（Flat）。反之，
信息封锁、信息独占、信息控制或许会越来越难。作为社交动物
的人类在 5G 时代的交流必然会更加紧密、更加大量、更加便利，
使得各种差别也会变得越来越小，社会趋于相对平等。

5.1.11　可持续城市和社区

城市在各种观念、商业、文化、科学、生产力、社会发展进程中起着枢纽的作用，目前来看对社会经济方面发展有很高比例的贡献。然而城市有着各种各样的问题，有大家非常熟悉的拥挤的交通和狭小的住宅，当然还有像犯罪之类的问题。可以利用 5G 网络实现的智慧交通、自动驾驶、人流监控和引导来解决这些问题，创造更加智慧、舒适、温馨的住宅。当然也可以利用各种视频监控预防犯罪的发生，以及提高犯罪发生后的破案速度。

5.1.12　负责任的生产和消费

5G 时代的物联网（IoT）应该基本可以实现从商品的生产、运输到销售等环节的跟踪，做到全流程服务可查询，无断点地为消费者服务。物联网也可以在降低能耗、提升质量方面大有作为，在大数据、人工智能的协助下，可以根据市场需求来安排生产以减少对资源的不必要的损耗或浪费。

5.1.13　气候行动

5G 在各行各业的应用可以使新时代能源的利用更加高效，也可以高效率地获取更多的清洁能源，以达到减少温室气体的排放，助力和加快全球碳中和的步伐。

5.1.14　海洋环境和陆地生态

据专家分析，地球上目前约有 100 万个物种处于受到威胁或濒临灭绝的境地，而且物种灭绝的速度正在随着全球气候变暖的加剧、环境污染的加剧而加快，因此如何更好地保护生物多样性其实是我们人类需要面对的问题。大数据和物联网可以在对海洋环境和陆地生态的保护中发挥重大的作用，例如：利用视频监控严格阻止对稀有动植物的过度捕杀、非法采集等，也可对稀有的动物进行物联网的监控以便更好地了解其习性，便于对其保护或人工繁殖。

5.1.15　和平正义

2021 年 11 月 16 日，中国国家主席习近平和美国总统拜登举行了首次视频会议。这样的面对面的沟通交流，对于缓和中美紧张起到了很大的作用。

预计在 5G 时代，远程视频会变得越来越普遍，这样的沟通交流有利于不同意见的交换，也有利于各种矛盾的缓和和解决。增加信息沟通的频度、体验在沟通过程中的感受、促进相互理解等能力应该说是智人天生的本领也是智人可以主宰地球的根本原因。期待和平正义在 5G 的技术支撑下更加散发光芒，造福人类。

本节小结：5G 可以在可持续发展目标实现上发挥重要作用。

5.2　5G 网络的构成

5G 网络就是第五代移动通信网络的简称，主要由 5G 基站、5G 传输、5G 控制处理装置、5G 核心网四大部分组成，以上各部分有机地工作使得 5G 终端可以联入 5G 网络，使人类可以享受高大上的 5G 体验。

5.2.1　5G 基站

图 5-1　5G 基站
图片来源自互联网

大部分的 5G 基站是基于相控阵雷达原理，利用多天线阵列，实现多个收发单元，通常把 5G 基站叫作 AAU（Active Antenna Unit）。为了支持 64 路的发射和接收信号性能，目前行业内的 AAU 通常采用 192 个天线单元，5G 基站的模样（例如 Sub6 AAU）如图 5-1 所示。

5.2.2　5G 传输

光传输网用于连接 5G 基站和局端控制器，以传输基站和控制器之间的大量数据，接口规格叫作 CPRI（Common Public Radio Interface）或 ECPRI（Ethernet Common Public Radio Interface）。

5.2.3　5G 控制处理装置

通过光纤把基站的信号传回来，处理这些基站信号的装置在 4G 里面叫 BBU（Base Band Unit），5G 可以把 BBU 根据需要处理的数据特征分离成集中式的控制处理 CU（Centralize Unit）和分散处理 DU（Distributed Unit）两种方式，一般把需要实时处理的功能放在 DU 侧，把适合集中处理的放在 CU 侧。

5.2.4　5G 核心网

核心网用于对用户的管理控制，通过 CU/DU 处理过的信息，由核心网负责处理与外界的连接转送等。

5.2.5　5G 终端

5G 终端中最常见的就是 5G 手机，最近越来越多的手机支持 5G，在 5G 网络覆盖下，可以接收 5G 信号，手机屏幕上方除了竖起几根"棒子"代表信号强度外，边上还会出现 4G、5G 等字样，代表着手机接入的网络。

除了手机以外，还有专门用于数据收发的移动 WiFi 路由器，或家庭放置式 WiFi 路由器。未来更多的是 5G 对应的各种物联网设备、传感器，这些设备预计会镶嵌在工业设备和生活设备中，构筑起 5G 物联网。

5.2.6　5G 基站的组网方式

目前 5G 存在两种组网方式：NSA 和 SA。

NSA 是 None Stand Alone 的意思，是指借助于 4G 网络的一些网元与 5G 设备一起组网，通俗地说不是纯 5G 网。SA 是 Stand Alone 的意思，是指 5G 设备单独组网，通俗地说就是纯 5G 网。

本节小结：5G 网络和 4G 网络的构成类似，也有互相融合的部分。

5.3　各国的 5G 倡议与产业政策

全球宣布 5G 商用至今已经四年多了，如何发挥 5G 优势，拓展 5G 创新，依然还在摸索之中。如何承上启下发展 5G，中美日各国也先后发表了各自的倡议或战略。下面做简略介绍。

5.3.1 中国的 5G 联合倡议

2021 年 7 月 13 日，中国工业和信息化部等十部门联合下发《5G应用"扬帆"行动计划（2021—2023 年）》（简称《扬帆计划》），旨在横跨部门和行业打通 5G 的行业需求与供给，牵引全方位、社会性的创新应用的诞生和实施。

中国目前主要部署 Sub6 的 5G 网络，基于中国移动、中国电信、中国联通的 5G 频谱优势（加上目前正在建设之中的中国广电），5G 网络状况和中国当时 2G、3G、4G 的网络状况不同，在 5G 网络的建设中，中国目前已经做到了基站数最多、覆盖面最广、用户数最多的 5G 网络基础建设局面。正是在这样的形势下发布的《扬帆计划》其实标志着中国在政策、标准、建设、科普、产业、需求、应用、创新、进化等各方面的有机连接，进一步促进 5G 的融合，加快 5G 应用的快速落地。

《扬帆计划》也明确提出要加快弥补产业短板等弱项，例如需要在芯片、关键射频器件方面加大自主研发能力和自主生产能力，加速突破关键的"卡脖子"的技术，同时带动中国制造业产业的整体水平的提升。

5.3.2 日本 Beyond5G 战略

日本在实际行动上阻止中兴、华为等中国生产厂家的 5G 技术，同时也反省自己为何不再像以往那样在 5G 上处于领先地位，于 2020 年 6 月 30 日由日本总务省发布了《Beyond5G/6G 推进战略方案——面向 6G 的路标》（简称 Beyond5G）。

Beyond5G 明确规定了要在 2025 年的大阪·关西世博会上摆出 "日本 5G Ready Show Case"，暨日本 5G 成果展示窗。

利用 5G 技术，Beyond5G 期待日本能够建设成：

人人可以活跃的社会

保持持续成长的社会

安心自律活动的社会

结合 5G 和日本自身的技术优势，Beyond5G 提出了以下的几个网络技术特征，要求产业界、学术界、政府配合实现：

- 超高速和大容量。
- 超低延迟。
- 超多数同时接续。
- 自律性。
- 扩张性。
- 超安全和信赖性。
- 超低消耗电力。

日本政府希望未来在通信设备的对外出口上重振雄风，获取世界通信市场的 10% ～ 15%。

作为日本通信行业的老大哥的 NTT 也提出了 IOWN（Innovated Optical Wireless Network）构想，为未来技术做技术铺垫。

Beyond5G 也明确了 Local5G 的制度及准备，结合 Local5G 的垂直行业的应用，希望给日本强大的制造业添砖加瓦。

5.3.3 美国的策略

自 2018 年起美国的安全授权法明确规定不能使用华为、中兴等厂家的 5G 设备，同时大力推进"Open 化"，软件化的发展，希望挽回美国生产厂家在 5G 基站硬件设备上的相对落后的局面。拜登政府更是在 5G 基站设备中不可缺少的半导体上，加大对中国生产厂家的打压力度，使得依赖于美国半导体的华为等公司在硬件基站设备的制造中面临诸多困难。

2021 年 3 月 1 日，美国战略与国际问题研究中心发布《加速美国 5G 发展》的报告，文中劝说美国在创新和投资上制定支持、补充美国创新与投资优势的政策，确保未来竞争中实现美国利益最大化。

美国在 5G 产业竞争上的策略基本上可以概括为八字策略：阻止别人，发展自己。

这与 20 世纪 80 年代——里根总统时代美国打压日本的半导体行业的手段几乎同出一辙。

本节小结：中美日各国都推出了各种激励政策，希望本国在 5G 赛跑中领先。

5.4 5G 普及后衣食住行的改变

5.4.1 温馨方便的住房

随着 5G 无线通信网络的普及，人们的居住或许会变得越来越智能化（懂得主人的心思）。例如家里的空调如果由 5G 模块连接的话，在炎热的夏天，主人回到家里的十几分钟前空调就自动打开了。主人进入家里的同时，根据主人的习惯，电视机上出现了主人喜欢的频道，或视频网站上的主人关注的内容等。如果不愿做饭的话，送外卖的无人机会非常准时地把热的饭菜送到家门口（或者主人指定的阳台等）。

5.4.2　智能冰箱方便购物

更聪明的智能冰箱会每天把握主人家的食品情况，根据季节和家庭人员的食品消耗情况进行补充，当牛奶快喝光的时候，冰箱会自动向附近的超市或者在网上购买。冰箱正面或许是一个大屏幕，上面可以显示冰箱里面的食品库存情况，或者是健康管理需要的，而主人最近吃的比较少的食品的提醒信息，抑或是周围超市正在促销的对主人有益的新鲜蔬菜等，带屏幕的智能冰箱如图 5-2 所示。

图 5-2　智能冰箱
图片来源自互联网

5.4.3　边缘计算的不足与保姆机器人的出现

5G 技术里面还有一个技术叫移动边缘计算，可以实现某些端到端应用的低延迟的效果。由于目前电子计算机的功耗比人脑高了 100 万倍以上，因此无法保证一些机器人的灵活性，例如基于大量数据的利用 AI 进行判断计算的智能机器人的"大脑"无法安装在处于网络边缘的机器人的头上。

中国移动通信研究院前院长、中国第一批千人计划归国者——黄晓庆博士正是提前看到了 5G 时代边缘计算不足与机器人"大脑"的功耗问题，于 2018 年创办了 Cloud Minds 公司，其公司的主力产品保姆机器人利用云计算的大量算力，把复杂的计算放在云上，旨在实现机器人的灵活、细致的保姆式服务以及节能。希望在近年内这样的保姆机器人能够帮助人类做起许多家务，或者和老人、孩子讨论各种有趣的话题。当然这样的应用均得益于 5G 网络的高速率、低延迟的特点，使得机器人可以做到"人"在家里，"脑"在云上。

5.4.4 自动驾驶、电动汽车的普及

自动驾驶也是最近很热门的话题，也有人认为只有 5G 才能实现自动驾驶。笔者认为，没有 5G 也应该可以实现自动驾驶，但是 5G 的普及与成熟肯定会给高水平的自动驾驶赋能，更进一步地提高自动驾驶的安全性，有利于自动驾驶的普及和推广。最近有关电动汽车（EV）的消息也常常被听到，不知道读者有没有注意到，自动驾驶大多用的是 EV，而不是传统的内燃机汽车，其理由就是 EV 的构成简单，可以理解成一堆电池、马达、四个轮子、一台计算机、一大堆传感器和通信模块的有机组合体。因为自动驾驶实际上是对路况的判断和预测，需要瞬间的大量计算才能完成，这刚好是计算机的强项。

EV 里面一个关键的部件就是电池，目前各国都在全力研究电池，希望在未来的汽车领域保持优势。2021 年底，日本软银与美国电池公司 Enpower Greentech Inc. 发布了能量密度为 530Wh/kg 的电池，为目前世界上能量密度最高的电池，据媒体报道，该电池的体积能量密度已经超过了 1000Wh/L，未来电池的发展也是

在 5G 时代自动驾驶领域需要特别关注的方面。

最近美国三大汽车公司（通用汽车、福特汽车和克莱斯勒汽车）和韩国三大电池厂家（LG 能源、SK-ON、三星 SDI）共同在美国出资 250 亿美元计划生产年产量为 330GWh 的车载电池，可供应 300 万部电动汽车用，希望打造汽车行业的"供应链同盟"，以求摆脱对中国电池及其电池材料的依赖，作为构筑所谓的"经济安全保障同盟"的一环。拜登政府也把高性能电池列为禁运技术之一。

5.4.5　VR 旅游

世界上有许多名胜古迹，许多人总想去旅游打卡。"3D + VR"旅游可以让未来的我们足不出户，只需一点点费用就可以在上海体验万里长城的宏伟，可以在深圳"游玩"哈尔滨的冰灯节，人在中国可以一会儿在埃及的金字塔前旅游，一会儿在夏威夷的 Waikiki 观看蓝色的大海。目前日本 KDDI 公司已经推出了 VR 眼镜，利用 5G 技术让用户体验远程的当地导游的实时观光向导，顺便"看看"当地的土特产，实现 5G 下的 VR 购物。

5.4.6　5G 给服饰时装带来新的体验

巴黎的时装展上模特的猫步一定给许多读者留下过印象，而柔性屏幕（可弯曲的屏幕）大量应用和 5G 时代的 AR 技术发展，将给时装表现注入新的活力，试装将不再是模特的特权，我们人人可以用 AR 来试穿各种时装，通过 AR 来销售各类时装衣服，柔屏试装也可能会在 5G 时代越来越普通。

5.4.7　人人可以开启直播频道

只要一部 5G 手机，人人可以开启网络直播频道，向网上的粉丝直播自己的所见所闻。目前中国和日本的某些列车头上就安装有高清摄像机，实时把沿途拍摄的镜头传播到网上，供人们观看。今后网红不光在演播室，更会走在大街小巷向粉丝直播风土人情，漫步在春野田头直播鸟语花香，抑或翻山越岭直播高山俊俏。

5.4.8　5G 对产业的影响

1.互联网的进化：从固定互联网到移动互联网

在 3G 之前互联网基本上是固定互联网，主要靠网线连接，终端也是以 PC 为主，当时大街小巷的网吧，里面摆满了台式计算机供人们上网、冲浪，抑或打游戏。当时的手机还大多是功能机，基本上用于语音通话。

3G 之后，特别是到了 4G 时代，随着智能手机的涌现，互联网进化到了移动互联网时代，手机上网成为日常。各种各样应用的出现，像微信（Wechat）、Line、WhatsApp、抖音（TikTok）等，使各种信息交流、支付行为都离不开手机，现在的人们，大概很少用家里的电话给亲朋好友打电话了，只要用手机的 App 就可以实现视频通话，而且是免费的。可以说手机已经和人在日常生活中构成了陪伴关系，而支撑着这样便利通信的就是 4G 网络和 5G 网络。

同时 5G 网络的普及会大力推动信息化的加速和信息产业的发展与成熟，实现网络、信息向各行各业的渗透和融合发展。

2. 5G 赋能物联网的兴起与发展

随着 5G 的诞生，互联网也将从移动互联网发展到物联网，意味着在以"人"为沟通主体的固定互联网/移动互联网上加上了"物"这个新的主体，实现"人与人，人与物，物与物"的互联网新形态。这种 5G 上物联网的实现正是得益于 5G 的 mMTC（massive Machine Type Communication，海量机器类通信）的特点。当然根据场景不同，物联网的实现一样需要 5G 的 eMBB 和 URLLC 特点。

对于 5G 时代物联网的发展与成熟，中国科协信息与通信科学交流专家团队首席专家张新生博士认为，5G 时代物联网的普及可以把现实生活中的物理世界带入数字王国，赋予虚拟世界生命力，增加人类对物理世界的认知能力和感知能力，高效便捷地完成各项工作和任务，例如在农业、工业、家居、基建、能源、沙漠治理、绿化普及、智慧交通、智慧城市等方面，预计会带来众多自动化、智能化、高效化的提升。

3. 5G 在工业领域的应用

5G 时代随着各种各样的传感器的出现，工业物联网会越来越普及，这些传感器、摄像机等设备宛如给制造业的机器装上了眼睛，会极大提高生产效率，同时降低事故发生率，保障产品的均一性，提升产品的质量，赋能"工业 4.0"的实现。

2021 年 10 月 29 日，华为在"没有退路就是胜利之路"的口号下，组建煤矿军团、智慧公路军团、海关和港口军团、智能光伏军团和数据中心能源军团共五大军团，可能就是要在 5G 大基建之后的 5G 应用上创新，笔者认为这既是华为的生存之路，也是华为的 5G 应用创新之路。

4. 5G 在农业生产上的应用

5G 可以运用在农业生产领域，当种植农作物的土壤的湿度、温度、日照时间、风向等数据可以时刻被收集，可以实现利用无人机对农作物的生长状况视频拍摄并实时回传的话，种植人员不去实地，或少去实地也可以掌握作物的情况，及时实施灌溉、施肥、防止虫害等措施，大力提升农业生产的效率、产量和质量。

5. 5G 使远程医疗变得现实

由于医疗资源的地区不平衡性，在一些偏远地方，缺乏有经验的医生，或者遇到紧急情况，身边有经验的医生不在场的情况下，5G 的高带宽、低延迟使远程医疗变为可能，可以有效地解决这类问题。当然多地、多处医生的医疗会诊也变得容易至极。5G 时代，达·芬奇医疗机器人或许会大放异彩。

5G 的应用会随着网络建设越来越多，结合 5G 的特点，读者也可以想出新的应用对社会做出贡献，5G 也会影响到人类的各种领域。

本节小结：5G 在改变社会的各行各业，也会改变我们的社会。

5.5 5G 影响了国际政治

5.5.1 以 5G 为契机的中美科技竞争

中国社会科学院信息情报研究院助理研究员王晶认为："从 2018 年开始，以阻击中兴、华为的 5G 海外业务为先导，美国发起了一场围剿中国 5G 技术的对华技术战。5G 技术是新一轮科技革命和产业变革的基础技术，华为 5G 技术的快速发展被美国视为对其经济、政治和意识形态方面利益的严重威胁。美国发动对华技术战旨在打击中国的高新技术发展，维护其在高科技领域的领先地位并确保美国霸权不受挑战。为了彻底打败华为的 5G 技术，防止中国崛起威胁到美国的霸权，美国制定了详细的对华遏制战略。美国国务院、国家安全局、商务部、司法部等政府机构联动配合，在不同时段采取不同策略和手段，从国家安全、政治、经济、技术、法律等各个层面对华展开全方位的攻势，并意图组建制衡中国的国际联盟以便阻挠中国在政治、经济和技术等方面的崛起，维护美国全球霸权地位。"

中美的科技竞争未来或许会愈演愈烈，作为一个话题，5G 常常出现在媒体上，其实 5G 背后的半导体、专利、各种数模/模数转换器、光通信模组、精密的电容电阻等元器件均为中国未来需要突破和发展的门类，只有发展好这些门类才能不受制于人。

5.5.2 为何转眼间中国 5G 领先了

在 1G、2G、3G 无线通信领域远远落后，在 4G 最多也只是与其他国家并行的中国，为何在 5G 上突然领先了呢？大概可以归结为以下几个方面的因素：

（1）5G 频谱规划上的前瞻性。

通信行业都知道，和美国、日本等国相比，中国的频谱资源非常丰富，无论是 4G 领域还是 5G 领域，中国的频谱宽度大，周边的干扰少，对于系统设备开发、网络建设、应用推广都非常有利。

可以说得益于工信部规划上的整体眼光和前瞻远见。

（2）5G专利布局的前端性。

中国的运营商、研究所和通信设备厂家在通信领域的专利申请数量已经连续十年名列前茅，特别像华为、中兴这样的公司在5G的专利上更是于十年前就加大了专利申请力度。在代表5G标准的专利上，中国已经摆脱了之前在3G领域没有发言权的状态，可以说在5G领域，中国已经在一定程度上引领着世界。

（3）5G中国市场的广阔性。

中国有广阔的国土，因此5G网络的基础建设的投入非常大，同时中国又拥有14亿以上的人口，5G的用户潜力全球第一，应该说人们早就预测到了中国的5G市场是全球最大的市场。随着近年中国制造能力的提升，5G在中国的应用潜力也必然是全球最大的。

（4）5G研发投入的领先性。

中国的厂家也正是在专利布局的领先性和市场广阔性的指向性的指引下，早于世界上的其他厂家在5G研发上投入了大量人力、物力和财力。

（5）5G产品的竞争性。

中国的5G产品在专利的护航下，在研发的领先下，在广阔市场的包容下，目前客观地说，产品质量、产品价格、产品的技术均处于世界领先地位。

（6）5G之前的国际市场的广泛性。

在中兴、华为等公司十多年的努力下，在世界上的大多数发展中国家，中国公司的通信设备在3G、4G上所占的份额比较大。

例如非洲，以华为为龙头，中国公司支撑起了非洲通信市场的大半边天。由于系统的延续性，在非洲 5G 市场的建设中，预计中国公司也会做出非常大的贡献。

笔者认为，3G 时代中国移动的 TD-SCDMA 的独家商用，为后续中国 4G TDD-LTE 的发展，和中国 5G 的领先奠定了坚实的基础，可以说是居功至伟。

5.5.3　美国人的焦虑

美国的芯片龙头——英特尔公司就 5G 曾提出过"5G 乘法效应"的概念，5G 网络与云计算、大数据、人工智能技术结合，会产生经济增长的乘法效应。

瑞典的爱立信预测，到 2026 年，电信业务收入可达 1.7 万亿美元。

作为世界第一强国的美国自然不想放过这样的机会。

客观地说，在近 100 年来，各类发明创新许多来源于美国，美国自然在世界的科技、通信发展中一直处于领先地位，对人类文明的发展具有不可磨灭的贡献。然而近年来，美国人开始了焦虑，从奥巴马总统的重返太平洋到特朗普时代的中美贸易战，科技竞争的开启突显了这样的焦虑。

时任美国总统特朗普在演讲中明确提出了：5G 竞赛已经开始，美国必须拿下这一仗，我们不能允许其他国家在这个重要工业领域超越美国！我们在这么多的其他领域领先，绝不允许在 5G 上落后！

5.5.4　清洁网络计划

美国除了自己拒绝中国的 5G 技术以外，于 2020 年 8 月 5 日，由美国国防部长以网络安全为由宣布实施清洁网络计划，号召以美国为首的西方国家，特别是美国的盟友拒绝中国的 5G 技术。对此，中国外交部发言人汪文斌认为："蓬佩奥等美国政客一再以维护国家安全为借口，滥用国家力量打压遏制中国高科技企业，中方对此坚决反对。美方有关做法根本没有任何事实依据，完全是恶意抹黑和政治操弄，其实质是要维护自身的高科技垄断地位，完全违背市场原则和国际经贸规则，严重威胁全球产业链、供应链安全，是典型的霸道行径。"

目前日本也加入了这项清洁网络计划，拒绝中国厂家的 5G 技术在日本的落地。

5.5.5　美国前总统特朗普的 Twitter 与 FCC 的 6G 实验频谱开放

为了防止中国在 5G 以及后续 6G 上的垄断状态，美国、日本等开始着手抓紧 6G 技术的开发。

美国前任总统特朗普于 2019 年 2 月 21 日发推文呼吁美国电信公司加快 5G 网络建设，特朗普写道："我希望 5G，甚至 6G 的技术能尽快在美国普及。它比当前的网络标准更强大，更快，更智能。美国公司必须加紧努力，否则就会落后。"

与此呼应，美国联邦通信委员会（FCC）于 2019 年 3 月宣布，开放 95GHz ～ 3THz 的太赫兹频段作为 6G 的实验频谱。

5G 刚开始，下一代无线网络 6G 的赛跑已经开启。

笔者预测，在 5G 时代，随着各种应用的诞生和大数据的积累，人工智能的发展也会越来越快，如果把 1990—2020 年的三十年叫作"互联网时代"的话，那么 2021—2050 年的三十年或许可以叫作"万物互联·人工智能时代"，应该是信息革命的蓬勃发展期。

5.5.6　乌云密布下中美贸易冲突始发

2015 年以后，以中兴、华为为代表的中国通信厂商在全球通信市场上突飞猛进，大有势不可挡、席卷全球的态势。

2016 年 3 月初，美国商务部工业安全局（BIS，Bureau of Industry and Security）突然把中兴通讯纳入了实体清单（entity list），对中兴通讯实施了出口管制，限制中兴通讯采购美国的所有技术，造成中兴通讯经营的困难。虽然当时中国民众可能还没有意识到中国和美国在未来会有贸易上的摩擦，但是笔者认为，2016 年的这个事件可以堪称美国开了中美贸易冲突的第一声冷枪。

2017 年初，随着"让美国再次伟大"为选举口号的特朗普政权的诞生，在美国第一 / 美国优先（American First）的治国方针下，开启了各式各样的制裁的序幕。

2018 年 4 月中旬，美国再次对中兴通讯实施了拒绝令（denial order）式制裁，使得中兴通讯的业务全面停顿。当时媒体铺天盖地地给中兴通讯带上了"中兴没芯"的帽子，社会上乃至许多体制内的政要一时也搞不懂，看不清美国政府的真实意图，有的甚至觉得中兴捅了窟窿，给国家添了麻烦。

深知半导体产业的复杂性，深知绝非一年、两年大炼钢铁式研发就可以突破半导体技术，担忧着中兴通讯七八万员工，以及近百万相关供应链厂商员工的生计问题，侯为贵先生忍辱负重地做出了缴纳罚款的选择。此后，在国内许多媒体的负面报道的压力下，侯为贵先生咬紧牙关，靠着"活下来，还有机会，活下来才能有时间真正突破技术封锁，以后国人会理解"的一口气继续忙碌着，奔波着。

之后，美国和中国相继开始增加关税，意味着中美两个世界大国开始了贸易大战，如图 5-3 所示。

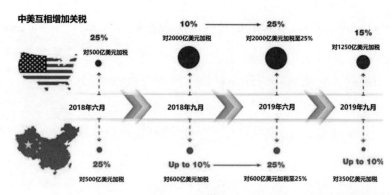

图 5-3　关税情况

果然，2019 年后，美国对上千家"完全符合美国规矩，没有安全问题的"中国公司实施了制裁，例如华为、海康、大华、大疆，还有许多大专院校和从事人工智能、超级计算机开发的公司，这些公司的院校相继被列入了美国商务部的实体清单中，中美科技战开启了。

拜登政府上台后，更加变本加厉地联合了荷兰、日本等国，对中国实施了全方位的半导体围攻和围剿。如此不择手段的打压使得上述中国公司的业务受到了严重影响。连华为也不得不卖掉了荣耀手机业务，虽然及时拿出了鸿蒙操作系统等备胎技术，但在业务上遭受了极大打击。制裁也使得华为开始联合中国国内其他企业，开启了改变半导体受制于人现状的攻关之路。

可以说，2018年美国对中兴通讯的拒绝令制裁是中美贸易战真正的前哨战。中美这两大全球经济大国从此走上了全面竞争的新冷战模式。

从目前的中美关系来看，中国的任何一家企业都可能会被美国制裁，或者说美国可能出手制裁任何一家中国公司。或许有人会问，为什么这几年美国非要打压中国公司呢？其实原因可能就在于中国公司掌握的技术有挑战美国霸权的可能性，真可谓：匹夫无罪，怀璧其罪。

那么，美国能否真正遏制中国，遏制中国的高科技发展？……

中国能否突破美国的高科技封锁，实现卡脖子技术的突破？……

笔者认为只有各自去"熬"，用时间来见证未来的结局了。

本节小结：围绕5G、6G的相关竞争或许是中美科技竞争核心的一部分，5G影响了国际政治，也可以说是国际政治影响了5G和6G。

第 6 章

6G 技术的研发
已经拉开了序幕

睿智促使人们对真理的向往！

古人王阳明四年悟道于龙场，终顿悟感叹："圣人之道，吾性自足，向之求理于事物者误也。"

佛祖释迦摩尼菩提树下苦盘六年，终于顿悟，修成佛道！

执着精神助力着科技的进步！

麦克斯韦一生研究电磁学，其作品《电磁学通论》在当时的欧洲被认为是奇谈怪论，然而他毫不动摇，在卡文迪许实验室内走完了最后的人生。直到赫兹真正发现电磁波后，他才得到世人认可，也正是由于麦克斯韦预言的电磁波，才使得无线通信如此发达，使得我们的生活如此便利！

6.1 6G 的起始与愿景

6.1.1 人类的好奇心

笔者曾经问过导师，"为什么要花那么多的钱去研究宇宙大爆炸呢，好像没有什么用啊？"导师给我的回答是："人类具有好奇心，对于不知道的东西想知道！"

我们的智人祖先运用语言沟通能力，从认知革命开始了征服世界的历程，也在这个星球上动物世界的竞争中脱颖而出，成为地球的霸主，主宰着这个世界。沟通过程，大多是无稽之谈或八卦，可以解释成人类自我的心理满足。对于未知的事物，人类无时无刻不在寻找答案，这种寻找答案就是人类好奇心的表现。

同时好奇心也促进了人类的进化，催生了人类文明的开花结果。

另一方面，人性的永不满足（当然也可以解释成贪婪），也是人类好奇心的一种表现。从无到有，到更多，到更好，人类就在这样的追求过程中创造着文明，推进着科技的进步。

6.1.2　5G 的不足

目前正在建设中的 5G，或者已经商用的 5G，和 4G 比具有 EMBB 功能，但是对于某些业务来说，还是不够快。比如 5G 无法支撑数据量巨大的，往往是 Tb/s（1Tb/s 为 1000Gb/s）级别速率的全息类通信（Holography Type Communication）、三维（3D）、虚拟现实（VR）、增强现实（AR）等各种扩展现实（XR）的业务需求。

5G 的时延不能满足云、虚拟现实等沉浸式体验业务，无法满足具有一定飞行高度的高速飞行的无人机的业务需求，也无法满足未来时速 2000 千米的真空管道高速铁路的连接业务需求。

5G 的连接还没有多到可以满足成百上千的人体传感器的连接需求，或者用途复杂的对时延和传输速率同时有更高需求的工业物联网的业务。

目前的 5G 频谱资源还只是在 6GHz 以下以及 24 ~ 30GHz 的毫米波的一些频谱，与未来超大数据的传输需求比，频谱资源受到了限制。

5G 网络主要还是以平面覆盖为主，无法实现真正的空中三维网络，比如无法实现控制 1 ~ 2 千米高的空间覆盖，还有就是无法覆盖占地球表面积 70% 的海洋，以及广大的沙漠、峻险的高山等。

网络还不够智能，无法实现根据需求配置网络（Network On Demand）的业务场景，也就是根据需求可自由自在地调度和使用网络资源的业务场景。

目前的 5G 只能实现以视觉和听觉为主的移动互联网，还无法实现高维的网络通信，例如触觉互联网（The Tactile Internet）。

6.1.3　6G 的起始

2020 年 2 月，在瑞士日内瓦召开的第 34 届国际电信联盟会议上启动了面向 2030 年及未来的研究工作，并且明确了早期 6G 研究的时间表和所实现的愿景等，标志着通信行业 6G 研发的开始。

6.1.4　6G 的愿景

由于目前还没有明确的定义，可以简单把 6G 愿景归纳如下：

（1）频谱范围极广，即全频谱使用。

为了获得更高的传输速率，6G 的频谱会覆盖 Sub6、毫米波（mmWave）、太赫兹（THz）、可见光（Visible Light，VL）的极广范围的频谱。

（2）全球覆盖。

随着科技的进步，人类的活动已经从陆地扩展到了沙漠、高山、海洋（包括深海）、南极北极、高空、外太空等领域。

未来 6G 要实现空、天、地、海的全方位无死角覆盖。

（3）超多的应用。

2030 年以后，全息通信、触觉互联网、空中自动驾驶、"工业 5.0"抑或"中国智造 2035"等的需求也会相继出现，6G 也必然结合人工智能、大数据、物联网等技术实现各种各样的应用场景，脱颖而出。

（4）强安全。

隐私与安全也是最近几年世界上的话题，特别是美国为了打压中兴、华为等中国公司，从 2019 年起大肆鼓吹中国设备的安全性有问题，以安全问题为理由，对其盟友进行鼓动或施压，让他们不要使用中国的 5G 技术。在没有任何安全问题证据的情况下，像英国、澳大利亚、日本等国均配合美国排除了中兴、华为等中国公司的 5G 技术。

6G 网络可能会实现体联网（计算机连接人的身体，取得各种指标），故在设计阶段就会从物理层、网络层做好安全设计。希望这样的安全问题的论调在 6G 时代变成无稽之谈。

本节小结：6G 的愿景基本上被认为是对 5G 愿景的进一步扩展。

6.2　6G 的技术特征

6.2.1　计算机游戏与元宇宙

喜欢计算机游戏的读者也许会注意到，计算机的显卡很贵，有时候比 CPU 还要贵，那是因为游戏的渲染（Rendering）需要大量的数据计算，显卡就是专门来做这项工作的。游戏场面中的细雨场景、阳光遮挡下的阴影等细节必须要通过大量的计算方能逼真地表现出来。美国有一家公司叫英伟达（NVIDIA），许多游戏玩家都喜欢用它的图形处理器（Graphics Processing Unit，GPU），最近许多做人工智能的公司更是对英伟达的 GPU 爱不释手。随着 3D、VR、AR、4K、8K 等内容的不断涌现和对传输的需求的增加，特别是数字孪生（Digital Twin）概念的诞生，可以把物理世界的事物，镜像到虚拟世界里面，需要计算的数据量就非常庞大。

读者可能知道最近元宇宙非常热门，其实所谓的元宇宙就是要把现实的物理世界的所有东西都数字化地在虚拟世界中又逼真又形象地渲染出来。

喜欢计算机游戏的小孩说不定在未来的元宇宙中设计出各种各样的应用来服务于现实生活中的人们，不过还是想告诫喜欢打游戏的小孩：除了打游戏以外还需要花更多的时间去学习哦。

6.2.2 6G 速度超快——feMBB

6G 的超快速度特征为进一步增强的移动宽带（further enhanced Mobile Broad Band，feMBB），其设计速度预计在 Tbps 级别，为 5G 速度的 100 到 1000 倍，以满足 3D、XR、全息成像等未来新的应用的带宽需求。图 6-1 中的未来全息视频会议的带宽需求大概在 Tbps 到 10Tbps 的级别。

图 6-1　全息视频会议

图片来源自互联网

6.2.3　6G 连接超多——umMTC

6G 有比 5G 的海量连接更多的连接数，即超大规模机器类通信（ultra massive Machine Type Communicationum，umMTC）。预测 6G 的连接密度是 5G 连接密度的 100 到 1000 倍，达到每平方千米 1 亿乃至 10 亿的连接数，即一平方米内可以达到 1 万到 10 万的连接密度。

6.2.4　6G 时延超短——eURLLC

为了满足未来新的需求，6G 的端到端的时延设计标准应该小于 1 毫秒（1ms），而且还需要非常可靠，应该达到 6 个 9，即通信的可靠性需要达到 99.9999%，这个特性叫作增强的高可靠低时延通信（enhanced Ultra-Reliable and Low Latency Communication，eURLLC）。

当然 6G 除了以上基本特征以外还应该具有其他特征以适应未来需求。

6.2.5　长距离高速移动通信——LDHMC

像我国正在研制的高温超导磁悬浮高铁，预计运营速度在 600 到 800 千米 / 小时，在如此高速的列车内联网自然是 6G 需要考虑的需求。长距离高速移动通信（Long Distance High-Mobility Communication，LDHMC）就是满足这样的未来需求的技术。

6.2.6　超低功耗通信——ELPC

由于 5G 基站比 4G 基站更费电，有报道说有许多运营商不愿意负担高额电费，干脆把 5G 基站关了，6G 也会面临同样的能耗问题，如何实现超低功耗通信（Extremely Low Power Communication，ELPC）也是 6G 设计中面临的一大关键需求。

6.2.7　超高数据密度——uHDD

在超高速、超多连接、超低时延和超低功耗的通信网络下，巨量的设备会"7×24 小时"地工作，整个网络的数据密度和 5G 相比可以预计是指数式上升，6G 规格设计中超高数据密度（ultra High Data Density，uHDD）特征也一定会考虑到。

6.2.8　网络资源的按需分配——NOD

网络资源按照需求可以随时分配调节也应该是 6G 网络的一个特征，即网络资源的需求化分配（Network On Demand，NOD）。例如在某个区域里面，实施某些大型的活动，集结了大批的人员和设备，这就需要对此地区，在某个特定的时间段内灵活地调配网络资源，需要 6G 具有网络资源的机动调配功能。

6.2.9 网络管理的人工智能化——NMbAI

在人工智能的协助下，6G 网络管理也会更加智能化（Network Management byAI，NMbAI），在预测性、灵活性上比之前的网络更加智慧，人工介入也会越来越少。

6.2.10 精灵网络——GN

高度人工智能管理下的 6G 网络，加上某些新的应用的出现，会使人们觉得 6G 网络具有灵性，即表现为精灵网络（Genius Network，GN）特征。

本节小结：6G 的各种"超"是由于未来的需求而不得不"超"。

6.3 6G 利用的技术

6.3.1 6G 用的频谱

在无线电波中把 0.3 ~ 3THz 的电磁波叫作太赫兹波（THz 波），预计太赫兹波将是 6G 通信用的主要频谱资源。

例如特朗普时期的美国政府就在 2019 年 3 月由 FCC 宣布开发 95GHz ~ 3THz 的频谱作为 6G 实验频谱。中国的一些专家认为 275 ~ 450GHz 的频谱可能是比较适合 6G 的频谱。日本 NTT 的研究所也在 300GHz 上研发 6G，宣称已经研发出 6G 芯片。

当然具体的 6G 频谱的划分还需要好几年的时间，各国政府也会根据技术的演进和需求的出现进行研究，预计快的话频谱的划分会在 2025 年以后相继出炉。

6.3.2　6G 的频谱利用技术

6G 的频谱利用技术基本还在研发之中，下面就列举几个典型
的可能用于 6G 的技术。

（1）无蜂窝大规模 MIMO 网络架构技术。

至今为止的无线通信网络架构基本上
采用的是蜂窝网络，如图 6-2 所示。

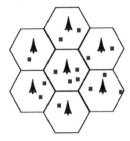

一个个高耸的发射塔安装了基站，负
责覆盖一定的地理范围，合起来看就像蜜
蜂的窝，故俗称蜂窝架构。用户出了一个
基站负责的范围，就会进入另外一个基站

图 6-2　蜂窝网络

负责的范围，由另外一个基站负责该用户的通信。在蜂窝的边界
上信号较弱，干扰较强，存在有各种问题的边界效应。

而 6G 网络则可能采用无蜂窝大规模 MIMO 网络架构，如
图 6-3 所示。

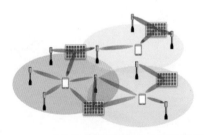

图 6-3　无蜂窝大规模 MIMO 网络架构

图片来源自互联网

无蜂窝网络中由于没有网格，不存在边界效应，各个基站的
协同作业可以给全范围内的用户提供高连接性水准的服务。同时
无蜂窝大规模 MIMO 架构可以提供高自由度、超高阵列和多路复

用增益，因此可以极大提高频谱效率。

（2）红外频谱、可见光频谱的拓展利用。

6G 很可能超越太赫兹频谱，扩展到红外频谱（3 ～ 400THz）、可见光频谱（400 ～ 800THz）范围。或许读者会问为什么不扩展到紫外频谱（800THz ～ 300PHz）范围呢？笔者认为，紫外线对人体的细胞、基因有辐射破坏性，而红外线、可见光则比较安全，电磁的兼容性还比较好。从物理上，或许可以这么说：红外线、可见光接近于波的形式，而紫外线则显示出了粒子性，其能量也超出了人体细胞的能量忍受范围。

（3）涡旋电磁波技术。

电磁波具有自转和轨道角动量，轨道角动量英文是 Orbital Angular Momentum，利用轨道角动量的相位旋转因子，增加了无线电波的新维度，学术上叫"涡旋电磁波"。随着技术的进步，期待"涡旋电磁波"能给 6G 网络带来更高的频谱利用效率、更大的通信速率，如图 6-4 所示。

图 6-4　涡旋电磁波

图片来源自互联网

（4）各类卫星覆盖技术。

卫星作为通信手段其实已经有六十年了，在许多体育比赛中常常用到卫星来做转播。根据卫星距离地球的高度可以分为以下几种卫星。

①静止卫星：在三万六千千米的高空中和地球自转周期一样的仿佛"静止"在地球上方的静止卫星。

②中轨卫星：在地球的静止轨道，即三万六千千米的高度以下并且高于地面两千千米的卫星被称为中轨卫星。在两万零两百千米高空的美国的 GPS 卫星、在两万一千五百千米高空的中国的北斗卫星都属于中轨卫星。中轨卫星的运转周期一般在 2 小时到 24 小时之间。

③低轨卫星：在地球表面两千千米的高度以下的卫星通常称为低轨卫星。和中轨卫星一样，低轨卫星无法"静止"，其围绕地球的公转周期不定，可根据需要，依靠动力来控制其飞行的方向和速度，许多低轨卫星用于军事用途。美国马斯克创办的"星链（StarLink）"就是利用了上万个低轨卫星来进行通信，目前已经在某些国家开始试用。

④平流层通信卫星：在距离地面 20 千米的高空区域称为平流层。根据国际航空联盟的 100 千米之外为外太空的定义，虽然领空没有明确的一致定义，但是平流层应该属于各国的公共领空范围。近几年在平流层中发射无人机等设备和地面进行通信也成了国际上的热门话题。国际上把这种设备称为 HAPS（High Altitude Platform Station）。在 20 千米的高空的通信设备相当于一个 20 千米高的铁塔通信基站，可以覆盖直径 200 千米的地面范围进行通信，并且延迟也可以控制在 1ms 之内。像日本，在软银的倡导下成立了日本 HAPS 联盟，寄希望提高通信的覆盖，实现未来空、

天、地、海的通信，HAPS 通信站如图 6-5 所示。

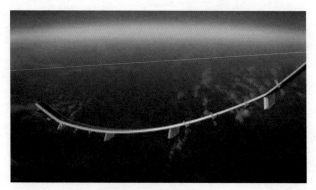

图 6-5　HAPS 通信站

图片来源自互联网

（5）低功耗的光电技术。

在通信中无论是基站、手机，还是核心网络设备无时无刻不在使用着电力，随着摩尔定律的封顶和半导体技术中原子尺寸的限制，半导体芯片也预计将在 1 ～ 2 纳米上遇到瓶颈。但是随着 6G 时代的来临，通信传输速率的提升，超多连接设备的加入和各种应用的出现，通信对于电力的需求或许会从现在的 10% 猛增到 50%、60%。如何实现低功耗的算力和通信必然是人类马上就要面临的课题。

缺少资源的日本人敏锐地看到了这一点，NTT、索尼和美国的英特尔于 2020 年 1 月联合设立了"创新的光·无线网络全球平台"，在日本、美国等地设立研究所，着重开发光网、计算的融合技术，为未来 6G 时代做准备，其中的光电融合等技术是日本的特长，结合英特尔擅长的芯片技术，寄希望于在 6G 技术上抢占领先，光计算机示意图如图 6-6 所示。

图 6-6　光计算机

图片来源自互联网

6G 还在研发之中，越来越多的 6G 技术、专利预计在未来几年内如雨后春笋般出现，值得读者关注和学习。

本节小结：为了实现 6G 愿景，各种新技术的开发正在进行。

6.4　各国的 6G 研究

6.4.1　6G 研究的国际背景

从 2018 年开始的中美贸易战，已经扩张到了科技战。而科技战中开始的前沿阵地就是 5G 技术，当美国发现自己已经没有系统方面的 5G 通信设备厂家的时候，当时的特朗普政府有点急了，以国家安全为由挥拳砸向诸多的中国公司，抑或制裁，抑或禁止中国公司在美国开展业务活动，连中国的三大移动通信运营商在美国也被吊销了运营牌照。从 2021 年开始，拜登政府又开启了对半导体的围攻战略，希望在中美竞争中遏制中国，以求保持美国的科技领先地位。正是在这样的大国竞争背景下，随着 5G 网络商用的开始，各国几乎同时开启了 6G 技术的研发。

6.4.2　美国的 6G 研究

美国可能是最早急着宣布 6G 研发的国家，2018 年 9 月，美国 FCC 官员宣布开放大部分太赫兹频段以推动 6G 的研发试验。特朗普总统多次反复强调美国要在 6G 上领先。

美国的多所大学（加州大学、斯坦福大学、纽约大学等）和企业（例如博通、高通等）均开始了 6G 相关技术的研究计划。

6.4.3　日本的 6G 研究

日本在许多的通信器件、模组、低功耗技术、材料技术上具有全球顶级水平，例如在精密的电容、电阻等方面，日本企业具有全球垄断性地位。

日本于 2020 年发表了《Beyond 5G / 6G 推进战略方案——面向 6G 的路标》，日本经济产业省（相当于中国的商务部）也准备了几十亿美元的资金资助日本企业开展通信方面的关于 6G 等未来技术的研究。

日本信息通信研究机构（NICT）、日本电报电话公司（NTT）也积极和松下、索尼、NEC、富士通等合作开始材料、芯片等相关领域的研究。

NTT 更是把专注无线通信的 NTTDocomo、有线通信的 NTTCommunication 和专注软件的 NTT Comware 收归麾下，提出了"创新的光·无线网络（Innovative Optical and Wireless Network，IOWN）"构想，期望实现"全光网络"。

创新的光·无线网络（IOWN）的愿景如下：

日本政府把信息社会定义为 Society4.0，把虚拟空间和现实空间紧密结合的社会设想为 Society5.0，即信息可由物联网和人工智能提供，通过高度发达的光·无线网络，实现高超的数字孪生的社会形态。

日本政府期待 IOWN 的实现可以有如下的功效：

- 网络的电力功耗比现在低 100 倍。
- 网络延迟低 200 倍。
- 行业间横向数字孪生的实现和数字孪生计算。
- 全光网络的超大容量通信。
- 自律型的网络运维。

6.4.4　中国的 6G 研究

中国其实也早在 2019 年 11 月就成立了国家 6G 技术研发推进小组，着手未来 6G 技术的理论布局和实际思考。

以华为技术、中兴通讯为代表的中国通信设备厂商加上中国移动、中国电信、中国联通以及大专院校研究单位已经在 6G 领域申请了世界上约 40% 的专利。

华为技术早在 2019 年就成立了面向 6G 的研究室，近期提出 6G 时代可以通过大脑意识控制物联网等概念，着力于未来 6G 的应用场景的开发和挖掘，不知道鸿蒙操作系统里面会不会有"大脑意识动态链接库"之类的模块。

中兴通讯的 6G 研发团队提出了对于 6G 网络的"智慧连接""深度连接""全息连接""泛在连接"的展望，旨在构筑"让沟通与信任无处不在"的未来网络理念。

目前在 5G 网络基础建设上处于领先地位的中国，预计在 6G 技术研发激烈的竞争中也同样会在一定领域具有领先优势。

可以预料的是，在 6G 领域，中美的科技竞争会异常激烈。

本节小结：在 6G 研发上，中、美、日等均在争先恐后进行布局。

6.5　6G 时代的各种应用

6.5.1　人体物联——体联网

随着各种各样人体物联仪器的出现，6G 时代的人们可以大体做到每时每刻的体检，可以利用各种佩戴式的或内置式的体联网（Internet of Body，IoB）设备实现对大多数身体指标的检测。例如，鞋底里面的体重传感器可以时刻推算出人的体重；手表上，或者女性的项链上的传感器可以时刻测量我们的心跳次数、脉搏、血压；细微型药片式镜头可以根据需要简单地做胃镜、肠镜等消化器官的检查；家里的马桶也可以安装镜头或传感器，根据排泄物来测量着人们的一些生理指标。

在保护隐私的情况下，实现对每个人的健康数据的实时监控，定期地，不定期地，甚至实时地对人体的健康状态做评估，一旦出现亚健康状态可立刻发出提醒。

6.5.2　6G 时代的 AI 冰箱

和 5G 时代的冰箱比，6G 时代的冰箱会根据各自的体联网的数据，建议主人的食物摄入平衡性，也许还会和数字化保健医生时刻联网，每当主人打开冰箱取冰淇淋的时候，就会出现数字医生的专业建议和忠告。

小孩子和家里的 AI 冰箱说话、"吵架"的情景或许会出现在 6G 时代，期待 AI 冰箱能够说服贪食的孩子，说不定 AI 冰箱会模仿孩子父母的口气来教训小孩。

6.5.3 豪华舒适的住房感受

6G 时代沉浸式的 AR 房间，使一个 50 平方米的住房给人一种 250 平方米的感觉，即便住在一楼、二楼，也感觉和住在五十层高楼的顶层一般，可以对景色一览无遗，看到日出、日落的美景。当然，朝北的房子也像朝南的一样，时刻接收着太阳的温暖，如果开发出这样的系统的话，这样的房地产楼盘应该比较抢手。

6.5.4 温馨可爱的 AI 机器人保姆

在日本有一种叫作 3K（危险的 ——Kiken，脏的 ——Kitanai，苦的累的——Kitsui）的工作，大多依靠外国人在干，这种现象在欧美也有，依靠大量的移民来干自己不愿意干的 3K 的工作，6G 时代，许多这样的 3K 的工作就由机器人来替代干了。我们的家庭里面也会配上温馨的 AI 机器人保姆，除了打扫卫生、洗衣做饭之外，还能够和老人聊天、和孩子说笑，并可以帮人按摩，你会不会对这样的 AI 机器人爱不释手呢？

6.5.5 触觉互联网的诞生

5G 网络的 3D、VR 等各类应用应该可以使得人类的视觉和听觉在很大程度上得以满足。但是，5G 网络中的远程机器人、远程手术等应用也会马上出现瓶颈，远程操作的机器人手确实可以抓住东西，远程手术或许可以给病人开刀，但是和人的手臂、人的执刀手术不同，远程的操作人员感觉不到任何反馈。医生拿刀割开病人皮肤的时候，根据病人皮肤的弹性等感觉，其实在微妙地调整手术刀的力度，人的手在抓东西的时候也是根据被抓东西的大小、重量、重心等各种反馈过来的感觉，再调整手的力度和方向等参数以便抓住东西，是的，5G 网络里面还缺少了触觉这个信息。

2014 年，德国德累斯顿技术大学的 Gerhard P. Fettweis 教授发表了一篇题为 "The Tactile Internet：Applications and Challenges" 的论文，首次提到了触觉互联网（Tactile Internet）的概念。

在 6G 网络时代，随着超大量连接下超多传感器的应用，可以感觉到对方的触觉互联网将成为现实。上述的机器人手上的各种传感器的反馈，和远程手术刀上的传感器的反馈，使得远程操作、远程手术真正得以实用。

6.5.6　从数字孪生到数字自我

在 5G 到来的前沿时代，最近几年出现了"数字孪生"的概念。数字孪生的概念其实是把现实世界中的各种实体虚拟到数字世界中，比如在城市规划中，把以前的设计图纸上的道路、建筑物等在数字模型中显示出来，随着计算机算力的提升、虚拟现实技术的发展，各种各样的数字孪生体会在 5G 时代出现。

6G 时代，随着更多微型人体传感器的出现，不仅会诞生人体物联——体联网，笔者期待着还会有人体的数字化分身，即"数字自我"的出现。除了在现实生活中活生生的人之外，在虚拟世界中还有一个影子一样的数字人，其容貌、体征、各种生理指标都可能十分接近现实中的生物人。那个时候对于许多小毛病，也许人不用直接去医院看病，只需要派自己的数字分身去看一下医生即可，未来"6G+"时代的数字自我如图 6-7 所示。

图 6-7　数字自我

图片来源自互联网

6.5.7　飞行汽车与交通道路的立体化

目前比较时髦的一种飞行汽车是电动垂直起降飞行器，英文说法是 eVTOL（electric Vertical Take-Off and Landing），类似于可以载人的大疆无人机的扩展版，eVTOL 如图 6-8 所示。

图 6-8　eVTOL

图片来源自互联网

当然在 5G 时代诞生的自动驾驶等技术，到了 6G 时代自然会运用到空中，飞行汽车也会随之普及，目前世界上已经有多家公司在着手研发空中飞行的汽车，飞行汽车的开发对动力的依赖比较大，比如依赖对高能量密度的电池或者高压氢的利用，当然自动驾驶方面更需要 6G 的超高速数据传输、超低延迟、精确的三维测位等未来技术，如图 6-9 所示。

图 6-9　飞行汽车

图片来源自互联网

飞行汽车的出现，可以大大缓解地面交通的拥挤，同时交通道路的空间发展立体化，立体交通规则的制定也会相继出现。或许"6G+"时代人类再也不会有交通拥挤的烦恼了。

本节小结："6G"时代的各种应用带给人们全新的未来世界。

第 7 章

"6G+"时代的关键技术突破

人类永远在进步！

1687 年，研究苹果从树上掉下来的牛顿出版了《自然哲学的数学原理》一书，彻底推翻了主宰欧洲千年之久的神学基础，建立了严密完整的经典力学体系，其中著名的万有引力公式，读者一定在中学的物理课堂上学习过。

1916 年，阿尔伯特·爱因斯坦发表了《广义相对论的基础》，否定了牛顿经典力学的绝对时空观点，颠覆了牛顿的经典力学体系，开创了现代物理学理论的新纪元。爱因斯坦风趣地说道："对不起，牛顿！"

那么，6G 成熟之后会是什么样呢？笔者姑且把 6G 成熟之后的计算、演进、叠加和增强的网络叫作 6G+，当然也有人会说这种网络是 6G 先进版（Advanced），可以认为这是以狭义上 10 年一代的无线通信技术发展角度来定义的 6G+，估计在 2035—2045 年，就会出现 "6G+" 的各类技术。还有一种借用通信时代的概念来定义的广义 "6G+" 时代，可以设想为更加未来的时代。本书后面三章的一些设想是同时基于狭义 "6G+" 和广义 "6G+" 的时代来描写的，除了描述通信技术本身的发展以外，目的也是期待着 "6G+" 时代，通信和其他各种技术的发展会大幅改变人类的生活方式和人类的活动范围，扩展人类的认知幅度。

借用爱因斯坦的一句话："世界上最不可思议的事情就是这

个世界是可以思议的！"

下面笔者和读者一起畅想一下"6G+"时代的关键技术突破。

7.1 打开灵魂的大脑

7.1.1 脑与计算机

1. 脑与计算机类似

前文中讲到过计算机类似于大脑。

计算机基于数据和算法工作，而我们的大脑其实也一样。对于我们的大脑来说，各类经验、信息或者知识就是大脑的数据，人类的智慧则是算法。面对一样的新闻，看到同样的事件，不同的人有不同的看法和推测，主要是因为每个人的算法不同，也就是各人有各自的智慧。当然数据不同，即便算法一样，其结果也不尽相同，这就是日常生活中我们会说的，这个人很有经验，懂的很多。

2. 脑与计算机不同

然而人的大脑与计算机有着本质的不同，那就是人有情感、意识、信念，而计算机则没有，至少目前的计算机没有情感，也没有意识，更没有信念。笔者不是生物方面的专家，不能肯定地说情感、意识、信念百分之百来自大脑，但是如果某个人做了心脏移植的话，其情感、意识和信念应该不会改变，至少不会改变很多，最多也只是有点影响罢了。

人可以有坚定的信念，比如说，许多人有着"为了实现共产主义而奋斗终身"的坚定信念，但计算机却没有这样或那样的信念。

实际上，计算机只是人类大脑认识自然、探索自然、改造自然的一个有力工具而已。

7.1.2　人的灵魂是什么

维基百科是这么解释灵魂的：灵魂，在从古至今的宗教、哲学和神话中，被描述为决定前生今世的无形精髓，居于人或其他物质躯体之内并对之起主宰作用，是一种超自然现象，灵魂亦可脱离这些躯体而独立存在，也有人认为灵魂是永恒不灭的。

用现在已经普及的计算机通信语言来描述，灵魂也许是这样的：由经验、经历、知识这些记忆性数据为依据，结合思考之后的智慧逻辑算法而形成的大脑对某些事物的发展趋势的判断，或许也包含了大脑记忆的云存储式数据以及云调用方式。

那么，人们所说的"灵魂出窍"能否实现呢？这个问题的技术性答案可阅读第 10 章。

7.1.3　脑机结合的实现

2010 年，孙正义先生在《软银新 30 年愿景》中讲到：未来人的身体直接和芯片连接，芯片和大脑直接进行体内通信，这样的话，自己的芯片就可以远程和别人的芯片进行无线通信，而对方的芯片就和对方的大脑进行体内通信，其实这就可以实现心灵感应，这项技术在 300 年以内一定可以实现，那时候的软银或许已经不再是移动通信公司，而是心灵感应公司。

　　2016 年，特斯拉的马斯克成立了一家叫作 NeuraLink 的公司，专注于侵入型脑机接口（Brain Machine Interface，BMI）的研发。如图 7-1（a）所示，NeuraLink 的研发人员把芯片设备嵌入到了猴子的大脑，外部装置则根据猴子大脑活动时发出的脑波（或者叫意念）而做出反应。2021 年 4 月 9 日，马斯克公开了装有脑机接口的猴子通过念力打乒乓游戏的录像，这只名为 Pager 的猴子的脑里被植入了 N1-Link（也叫 N1 SENSOR）的设备，如图 7-1（b）所示，马斯克有时候把这个 N1-Link 叫作注入设备。

（a）　　　　　　　　　　　　（b）

图 7-1　脑机结合的实现

图片来源自互联网

　　美国的脸书公司（Facebook，2021 年 10 月宣布改名为 Meta，即元宇宙）也在 2019 年收购了开发非侵入型神经接口的初创公司 CTRL LAB，开始注重新型人机接口的研发。

　　在计算机、通信领域，人们非常熟悉硬件（Hardware）、软件（Software）之类的说法，其实我们在使用社交媒体时也在使用硬件和软件这些东西，你的手机就是硬件，里面的 App 就是软件。

　　现在一些先驱者正在努力研发一种叫作湿件（WetWare）的设备，一面可以连接人体的细胞组织，一面可以连接类似半导体的数据总线，笔者把这种东西叫作湿件，因为这种东西既不是硬的，也不是软的，而是湿的。在百度百科中把湿件定义为软件的一种，大多用于人工智能或专家系统的实验室中，以计算机来模拟生物的结构及行为。

笔者把湿件扩展为连接人体组织型光电倍增纤维的一种设备。这样的湿件就可以把大脑（或其他肌体组织）和外部机器连接起来，即实现 BMI，也许可以扩展解释为 Body Machine Interface，湿件如图 7-2 所示。

图 7-2 湿件

其实早于马斯克的 NeuraLink 公司，美国的奥巴马政府在 2013 年就拨款 45 亿美元启动了"脑改计划"（Brain Initiative），由美国国立卫生研究所（National Institute of Health，NIH）研发嵌入式脑接口。"脑改计划"也好，马斯克的 NeuraLink 公司也好，其目的就是控制大脑的思维，即对人类进行洗脑（Mind Control）。"脑改计划"很可能用于战场上的士兵，通过控制其大脑，可以让士兵几天几夜时刻精神抖擞地在前线打仗，丝毫没有疲惫的感觉。

马斯克的 NeuraLink 公司声称其技术可以用于残疾人的康复等用途。

据报道，美国军方早就开始实验在人脑内植入计算机芯片，希望能够治疗那些患有"创伤性压力症状"的美国大兵。

笔者认为，这样的技术成熟后广泛用于民生、和平才是人类科技进步的福音。

7.1.4　从触觉互联网到五感互联网

上面讲到 6G 时代会出现触觉互联网，其实人有触觉、嗅觉、味觉、视觉和听觉。笔者预测，到了"6G+"时代，在生物科学、电化生物科学、脑科学、湿件等技术的发展至一定水平的情况下，人类可以实现能够传递触觉、嗅觉、味觉、视觉和听觉的五感互联网。

中国有一个电视节目叫《舌尖上的中国》，专门介绍中华大地各种各样的美食，每当看到电视上的上海小笼包、北京烤鸭、广式早茶，许多读者可能会咽几下口水，因为对这些美食实在太想"米西米西"（日语中"吃"的意思）了。然而，我们通过电视看到了美食，还是不知道美食真实的鲜味、香味和嫩劲，因为电视媒体这个信息沟通的方式无法传递味觉、嗅觉、触觉这三种人体感觉的信息。

但是到了"6G+"时代，五感互联网电视可以把这几种感觉的信息全部传递过来，观众在家里看舌尖上的中国，可以"闻到"美食的香味，可以"品尝"到美食的鲜味和嫩劲。将实地报道人员闻到的气味，即通过嗅神经系统和鼻三叉神经系统整合到大脑的嗅觉信息，通过湿件数字化之后，传达给观众，再通过观众的湿件传到观众的大脑；同样地，现场的报道人员把品尝到的鲜味和嫩劲感觉传给观众的大脑，该信息再次作用于观众舌头上的味蕾，或者直接在大脑里面作用于神经触觉而引起观众的感官反应。当然能否100%地把这样的五感传递到对方，取决于采样的精确度，湿件总线的传递能力，湿件对人体大脑组织的调制解调精度，人类对大脑神经、神经触觉的认知水平和刺激手法以及大脑关联技术。

如果真能够实现完美的五感互联网的话，那么我们足不出户就可以品尝中华大地的各类美食，逼真地游玩各地的名胜古迹了。

本节小结：期待人类早日使用计算机理论来揭开人脑的秘密。

7.2 量子信息技术的突破

量子是1900年由德国物理学家普朗克提出的概念，是指一个物理量不能再继续被分割的最小单位。量子概念的引入诞生了不同于经典物理体系的量子物理学。1905年爱因斯坦把量子的概念引入到了光（即电磁波）的传播解释中，并提出了"光量子"的理论，光同时具有"粒子"和"波"的特征，也就是"波粒二象性"，在"波粒二象性"基础上爱因斯坦进一步地发现了"光电效应"，且荣获1921年的诺贝尔物理学奖。

量子信息是量子科学和信息科学交叉的新兴学科，包括量子计算、量子通信和量子传感三大方面。最近几年量子加密和量子通信非常热门，常常可以看到媒体上的报道，笔者认为本节介绍的技术有望在不远的未来得以实现。

7.2.1 量子计算机

目前传统的计算机在处理"0"和"1"的数据时，用的就是半导体，利用半导体介于绝缘体和导电体之间的特性来进行信息处理。其实，传统计算机本质上就是在不断地处理"0"和"1"的演算，只是其速度非常快。例如大家熟悉的英特尔的 Core i5 中央处理器，基本上可以达到 4 ~ 5GHz 的处理频率，也就是 i5 的芯片可以进行 4 亿 ~ 5 亿次 /s 的计算。

量子计算机是利用量子力学的原理来进行高速数学和逻辑运算、存储及量子信息处理的新型计算机，由量子晶体管、量子存储器、量子效应器等硬件组成。

2017 年，IBM 发布了可以拥有 17 个"量子比特"的量子计算机，使得人类对量子计算机的应用有了真正的期待。拥有 17 个"量子比特"的量子计算机，顾名思义，是指可以同时计算 217 位的模式，相当于 131072 台 16 位计算机的能力。

2021 年底，中国科技大学的研究人员成功研制了 113 个光子的"九章二号"量子计算机。该计算机的计算能力相对于传统计算机的算力来说，就是亿亿亿倍了。

由于量子计算机超大的计算能力，美国、日本、中国、欧洲的政府、企业、大学、科研机构都在大力研发量子计算机。

7.2.2 量子加密

量子加密是由 IBM 的研究人员 Charles Bennett 和加拿大人 Gilles Brassard 在 1984 年最先开始研究的。在该领域被研究最多的是量子密钥的分发（Quantum Key Distribution，QKD），即利用量子原理进行密钥的生成，然后将其用于经典加密、混合加密以及密文的解密来使数据传输得以保密。信息之所以需要保密，是因为在数据传输过程中窃取者的窃听会导致误码率大幅上升，因此需要确保所用的密码没有被窃听者窃取，发现窃听利用的就是量子物理中的海德堡测不准原理。在量子加密系统里，当窃听者企图偷看光量子想获取密钥的时候，就会改变它，而发送者或接收者可以察觉这一变化，所以物理学家利用这种特征构造出QKD协议，使得窃听者窃听不到密钥，如果发现被窃听，则放弃传输；如果确认没有被窃听，则可将传输的数据升级为密钥，认为可以做出无法破解的秘密密钥。

据笔者所知，在实验上，中国科技大学的潘建伟教授和清华大学的龙桂鲁教授等都在量子加密技术上有所突破，预计不用等到"6G+"时代才能实现量子加密应用，期待近年内就能够实现该项技术的实用普及。

目前，量子加密技术中应用的另一项技术是量子安全直接通信（Quantum Secure Direct Communication，QSDC），是由清华大学物理学专业的龙桂鲁教授和刘晓曙博士在2000年提出的。量子安全直接通信不仅能发现窃听行为，而且使得窃听者得不到信息。在量子密钥分发中，窃听检测是在传输结束后进行的，发现窃听时传输的数据已经丢失。量子安全直接通信是以一定数量的光量子组成的块来传输数据，由于窃听必须是在传输过程中进行的，窃听者没有得到信息就被发现了。期待量子安全直接通信能够在强安全的6G时代得到广泛应用。

7.2.3 量子隐形传感

量子隐形传感是利用量子纠缠的物理现象进行远距离的通信，靠的是爱因斯坦时空理论中的"幽灵般的超距作用"，爱因斯坦在其论文《量子力学对物理实在性的描述是完备的吗？》中描写到：根据量子力学可以推断出，对于一对出发前有一定关系，但出发后完全失去联系的粒子，对其中一个粒子的测量可以瞬间影响到任意距离之外另一个粒子的属性，即使二者间不存在任何连接。其实这就意味着一个粒子对另一个粒子的影响速度竟然可以超过光速，爱因斯坦将其称为"幽灵般的超距作用"。聪明的读者或许马上就会意识到，这不是爱因斯坦自己跟自己过不去吗？因为在爱因斯坦的相对论中，电磁波 / 光的传输速度最大就是光速 c，即 $3 \times 10^8 \text{m/s}$。

那么人们自然会想到，如果利用超过光速的量子纠缠来进行通信的话，是不是就能以超过光速的速度来进行信息传递了呢？如此这般，飞出太阳系的"旅行者一号"宇宙探测仪就不会失联了，人类在火星上的探测器可以实时和地球上的指挥中心沟通联系了。

除此之外，量子区块链和量子区块链系统等均可有望在"6G+"时代实现诸多应用。

7.2.4 中微子通信

中微子在英文中叫 Neutrino，是物理学巨斗、奥地利科学家泡利在考察 β 射线衰变的时候，发现的能量 / 质量不守恒的奇怪现象。泡利认为，有一种静止质量为零的电中性的新粒子释放了出去，并且带走了一部分能量。在1931年的国际核物理会议上泡利把它命名为"中微子"。25年后，1956年，美国莱因斯和柯万在实验中直接观测到了中微子。

1987年由东京大学教授小柴昌俊负责的研究组，在日本岐阜的神岗实验室的地下1000m的深矿里，利用巨大的光电倍增管发现了11个来自宇宙的中微子，这也是第一次人类发现地球外过来的中微子。其实那是在16.8万年之前，在我们的银河系边上的一个叫作大麦哲伦的星系里面发生了一次超新星爆发，这些中微子和其他光子一同，经过了16.8万年的宇宙旅游后到达地球，被神岗实验室的光电倍增管捕获了，小柴昌俊教授也因此获得了2002年的诺贝尔物理学奖。

不过，这11个中微子比光要早3小时到达了地球。小心翼翼的日本人在发表论文的时候，委婉地提到了这些中微子似乎比光要早到了3小时，不敢大声说中微子比光快的现象，因为在主宰着现代社会的相对论物理体系中，任何东西的速度都不可能超过光速。由于中微子属于轻子，带有非常小的质量，要想达到光速，必须有无限大的能量，这是不可能的。

然而实验是严谨的，为了解释这一现象，有物理学家提出了反物质、逆时间的概念，认为中微子在到达地球前经过了一个反物质和逆时间的某个参照系，那里的时间是反向的，到达我们地球前逆时间飞行了3小时，故在我们的宇宙中就出现了中微子比光早到地球的现象。

利用这个假设，未来人类在人工制造出反物质介质的基础之上就可以实现比光速还要快的中微子通信了。那时候和火星可以进行实时通信，全息的火星—地球远程会议或许就像新型冠状病毒流行期间的远程会议一样，变得非常普通。

当今的物理学家认为，中微子通信的优势在于传输的距离几乎可以达到无穷远，但是其缺点是很难调控，加载信息也非常困难，同时由于测量中微子很难，故预计接收中微子也会非常困难，期待未来的人类能够解决这些困难，进入中微子通信的新时代。

本节小结：量子信息技术未来可期。

7.3　人工智能的进化

在我国台湾等地区把人工智能叫作人工智慧。对于智慧这个东西，其实《圣经》里面有描述。

7.3.1　伊甸园里的亚当与夏娃

《圣经》里面说到，神（耶和华）在中东的二河流域的长满花果的伊甸园里，花了6天时间用泥土造了一个男人——亚当，又用亚当的一根肋骨造了一个女人——夏娃。伊甸园里除了各种花果还有两棵大树，分别是生命之树和智慧之树，如果吃了生命之树上的果子，人可以长生不老；如果吃了智慧之树上的果子，人就可以有智慧：懂善恶，明是非。第七天，神累了，为了休息就出去了（后来延续为人类现在的周日休息制度）。临走前神对亚当和夏娃说："你们可以吃园子里的所有果子，唯独不能吃智慧之树上的果子，那是禁果！"说完后，神就离开了。

亚当和夏娃由于没有智慧，不知羞耻，每天赤裸裸的，品尝着伊甸园里的各种果实。他们自由自在，无忧无虑，给各种各样的动植物取名称号，飞禽走兽、果树鲜花，凡无名者就赋予名分。亚当和夏娃就这样在伊甸园中幸福地生活着，同时干着上帝交代的活。

有一天，在蛇的诱惑下，他们吃了智慧之树上的果子，那就是偷吃禁果的故事。由于吃了智慧之树上的果子，亚当和夏娃有了智慧，知道了羞耻，用树叶遮住了隐私部位，于是人类就穿起了衣服这个东西，这也是地球上所有动物中人类独有的"智慧"。或许人以外的其他动物是不知羞耻的，因为它们从来不穿衣服，整天赤裸裸地生活着。

神回来后对违背自己嘱咐的亚当和夏娃非常生气，本应该处死他们，但是神是慈悲的，最终还是不忍心处死自己造出的亚当和夏娃，于是作为惩罚，神把亚当和夏娃赶出了美丽的伊甸园，让他们去过农耕生活，生息繁衍，这就是人类农业社会的开始。

由于亚当和夏娃没有偷吃生命之树上的果子，于是人类不能长生不老，但是人类是有智慧的，有思想的。

《圣经》中的这个故事，或许在提醒我们，有智慧的东西可能会产生麻烦，尽管神没有明示。

当今有智慧的人类在主宰着这个星球，那么对于其他有智慧的东西的出现，会有什么想法呢？

7.3.2 人类对人工智能的恐惧

几年前有报道称，脸书公司的人工智能研究所的研发人员在讨论如何对两个聊天机器人进行语言对话策略迭代升级的时候，竟然发现聊天机器人自行发展出了人类无法理解的独特语言，并且这两个机器人已经开始用机器人自己创造的语言在对话，人类既听不懂，也无法下命令，更可怕的是，聊天机器人竟然无视程序员下达的指令，研发人员不得不拔下电源，脸书立刻停止了这一项目的研究，理由是"担心可能会对这样的人工智能失去控制"。

2017 年，英国物理学家、黑洞（Black Hole）研究者霍金说："成功创造有效的人工智能，可能是人类文明史上最重大的事件，但也可能是最糟糕的。我们无法知道人类是否会得到人工智能的无限帮助，或者是被蔑视、被边缘化，甚至被毁灭。"

就像由于偶然的发声器官的特点，我们智人在十几万年内淘汰了其他所有人种一般，由人类自身创造的人工智慧未来会不会把它的祖先也给淘汰了呢？这就是霍金的警告！

微软创始人比尔·盖茨也曾说："人工智能的机器确实可以帮助人类完成很多工作，但当机器获得超越人类的智能的时候，它们或许将会对人类的存在造成威胁。"

对于人工智能，人类当然有担心，也一样会有期待，只是立场、观念等不同而已。

7.3.3　人类对人工智能的期待

有许多的专家学者对于人工智能抱有很大期待，相信人工智能可以造福人类，人工智能为消除饥饿和贫穷，改善地球的自然环境提供了前所未有的机遇，还专门召开"人工智能造福人类"系列峰会，认为只要正确利用人工智能即可。

或许由于人工智能的出名是在围棋上赢了人类，造成了人工智能和人类竞争的感觉，故人类担心万一人工智能有了自己的主见后，会秒杀人类。但是，许多学者认为，人工智能在许多方面会比人更优秀，就像工业时代的机器一样，无论是机床也好，自行车也好，汽车也好，都可以和人协同工作，那么人工智能一样可以成为人类的协作者，而不是竞争者。

7.3.4　高度发达的人工智能必然来临

人工智能离不开网络，其信息的收集流通可以由 AI 终端设备和 AI 网络来承担，而人工智能的实现（即大量的计算）可以依靠"云"来实现，而"云"也可以部署为"中央云""地方云""边缘云"的阶层式分布架构。

笔者相信，在 5G、6G 时代的大数据技术积累的基础上，随着"6G+"的体联网等各种科技发展，高度发达的人工智能必然会来临，不管读者担心也好，恐惧也好，科技的进步应该是人类文明发展的必然。那时候人类也许会把 AI 搭载到人的大脑上，或者把 AI 机器人融合到人体上，即半机器人（Cyborg）就会出现。

例如利用安装或连接在人体大脑里的 AI 翻译程序实现人类各种语言之间的无翻译实时交流，当对方用地球上的任何语言说话时，利用大脑里的 AI 翻译一下，听起来其实就是对方在用自己的母语说话。

当然也会慢慢形成人类心灵感应网，笔者认为正是人类的心灵感应网必然会带给人类文明史质的飞跃。

期待着某一天，诺贝尔奖得主中有好几位"AI"。

不知道那时候站在斯德哥尔摩诺贝尔奖台上的，很可能是装有 AI 系统的机器人会发表什么样的获奖感想呢，AI 机器人会不会携夫人出席颁奖仪式呢？

7.3.5　人工智能和外星人

人工智能其实是在人类现有的知识、规律和数据的基础上，利用计算机的强大的计算能力和科学家发明的新的算法，例如深度学习等，来加速度地创造新的文明，加速人类文明的进化迭代，AI 会不会得诺贝尔奖之类的议论就是代表之一。"6G+"时代的 AI 能力已经可以开始探索宇宙，解密宇宙的诸多奥秘。用 AI 装备过人脑的人类其实很可能非常接近我们想象中的外星人的样子了，如图 7-3 所示。

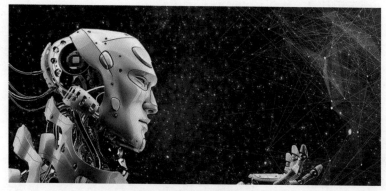

图 7-3　想象中的外星人
图片来源自互联网

人类其实还没有真正见过外星人，只是想象中的外星人具有高等智慧，比人类的技术水平高出很多量级。如果地球上出现了外星人，大概率可以认为外星人早就掌握了外星人的人工智能，像人类那样形式的活生生的外星人来到地球的可能性反而不大。就像人类探索火星一样，在送人去之前，一般送探测仪先去看看那里是什么样的，因此送一个人工智能机器人去是非常自然的。

不过如果外星人真的来到地球的话，大概率对人类是不利的，毕竟是别的种，或者是别的属，与人类对抗的可能性应该大于协作的可能性。

人类应该在外星人到达之前，开发 AI，达到 AI 奇点，以地球人去当外星人的形态去探索宇宙。

本节小结：未来人类只能习惯与机器人和 AI 的相处。

7.4 再次思考人类沟通的重要性

7.4.1 三人行必有我师

假设智人没有复杂语言的沟通和交流，只是和其他人种一样，如尼安德特人，只会单打独斗的话，或许现在统治这个星球的不是我们人类，而是尼安德特人。当然这种假设已经不会成立，因为时间机器还没有发明，我们无法回到过去，只能沿着时间的流逝向着未来前进。

然而，交流沟通（Communication）使得智人能够被誉为有智慧的人种，凭着这一点，智人的历史，即人类的历史已经是确凿的事实。

圣人孔子在《论语》中讲道："三人行必有我师，择其善者而从之，其不善者而改之。"人类正是由于这样的个体之间的交流、沟通、学习、改进，才被誉为有智慧的人。

"学习使人进步"这是人人都知晓的，而"学习"就是通过信息的获取来充实自己大脑的数据库，通过学习好的思维方式来改善自己大脑的逻辑算法，方能陶冶出高尚的情操，曰之"进步"。

当人们把一件新事情做成时，总结的时候或许会说，成功来自99%的努力加上1%的灵感。所谓的灵感就是有新意的思考和发现，而灵感往往来自人与人之间的交流，某人的一句话、一个动作、一个暗示等或许会激发另一个人的灵感，读者应该听过这么一句话："在对话中碰撞出新的灵感。"

7.4.2　说说天才

所谓的"天才"，本质上具备"能够从大脑庞大的记忆库中瞬间抽出一部分信息，靠着一瞬间的推理能力，把隐含在事物中的某些规律性的法则给寻找出来"的能力。其实笔者认为这些"天才"，除了本能的大脑细胞的触觉反应比较快之外，有可能通过其日常思考，吸收消化大量的知识，或者训练，在大量的脑细胞触觉中建立索引（在数据库中叫索引键），所以"天才"的反应非常之快。而所谓的"普通人"只能在大量的信息中做漫无边际的无索引扫描检索（寻找），自然会花太长时间，或者说在有限的时间内根本找不出规律或答案，这就是"普通人"与"天才"的区别。

7.4.3　脑内数据的挖掘

近年来，大家经常听到大数据这个词，利用大数据人们可以更好地了解过去（比如过去发生了什么，以及如何发生的），更好地了解现在（比如正在发生什么，以及如何发生），更好地了解未来（比如预测将会发生什么，以及如何发生）。

大数据在当今世界中已经被认知和保护，各国已经相继出台了数据保护法等法律法规。

如果说物联网大数据（Big Data）是 5G 时代的石油的话，那么笔者认为人体的脑内大数据（Brain Data，BD）则是 "6G+" 时代的黄金，或许应该说脑内数据其实一直是宝藏，只是人类目前为止一直没有有效地挖掘而已。

在 "6G+" 时代，通过湿件（Wetware，即人体组织型光电倍增纤维）的脑机连接，计算机可以精确获取大脑神经的突触信号，量化记忆痕迹，可以让人体自身成为互联网的一部分。这就是数据量巨大的脑际网的形成过程，人人可以自由自在地高速搜索所需的信息，人人皆具备 "天才" 式的聪慧，那么通过脑际网沟通，碰撞出火花，出现灵感的概率会大幅度上升。

中国有句古话说 "三个臭皮匠，抵一个诸葛亮"，我们试想一下人类的脑际网：拥有千万个爱因斯坦、达·芬奇、牛顿、霍金、杨政宁、古德耶夫水平的大脑，和其他的近一百亿个智慧人类的大脑通过脑际网络的实时连接一定会碰撞出超高超智慧的结晶。

本节小结：大脑是智慧的宝库，如何挖掘是关键。

7.5 生物医疗——大脑意识识别技术的突破

7.5.1 微型治疗机器人的普及

在 "6G+" 时代，各种多分子功能型机器人，例如冠状病毒型生物机器人相继出现，大多数疾病，可以通过"病毒手术"进行无痛治疗，那时候所谓的手术基本上不用手术刀了。

1. 病毒手术之癌症治疗

如果人得了癌症，目前人类医疗的治疗方法，大概有以下几种：

- 手术切除。
- 放射线照射。
- 化学药物疗法。
- 重离子照射（靶向治疗）。
- 其他心灵疗法，中医药物等。

在"6G+"时代，对于癌症的治疗基本上就可以用多分子功能型机器人来进行"病毒手术"，笔者设想有如下方案：

（1）给人体内输入可以杀死癌细胞的冠状病毒型生物机器人，这种病毒型机器人能够侵入癌细胞的表面，释放化学药物，可以达到抑制癌细胞的增长的效果，端掉癌细胞的老窝。

（2）给人体内输入能切断癌细胞周围血管供养的微型生物机器人，这个机器人的目的就是切断癌细胞周围和人体组织相连的血管，即停止癌细胞的供给，达到消灭癌细胞的功能。

（3）给人体内输入一种特别的治癌冠状型病毒，这种病毒找到癌细胞后，就把正常的 RNA 注入癌细胞里面，能够把癌细胞变成正常的细胞。

2. 永葆健康，延年益寿

技术进步了，社会发展了，人们自然会对健康越来越关注，对于寿命越来越珍惜。

微型治疗机器人普及能够及时梳理人体的问题，让人体的各种组织、器官时刻处于最优状态，达到人类永葆健康、延年益寿、寿命达到几百岁的社会形态。

7.5.2 与狗交流，对牛弹琴

上帝创造了万物，总有其用处，人有意识，但或许意识不是人类一家独有的，人之外的动物有没有意识呢？人类能否和动物之间沟通，或者进行意识通信呢？

上面提到的湿件的实验，首先就是从动物开始的，比如猩猩等类人类动物，这些动物的脑波、脑意识在"6G+"时代大部分已经被人类所掌握。这时与动物之间的意识沟通也会变得有可能，那么人类会首先和哪些动物沟通呢？

除了猩猩之外，人类或许要和人类最忠实的伙伴——狗做意识沟通，人类圈养的宠物中狗应该是最多的，故曰：狗通人性。

如果把上述技术用到牛身上，那么如果人对牛弹琴的话，牛或许会高兴地跳起踢踏舞来。我们的成语"对牛弹琴"可能要重新解释解释了。

本节小结："6G+"时代，人类可以延年益寿，永葆青春。

7.6 互联网让人变得更"智慧"了吗

7.6.1 用 ICT 眼光看"智慧"是什么

智慧是人类生命活动中所具有的基于生理和心理的一种高级创造思维能力，包含对自然与人文的感知、理解、分析、判断、记忆等所有能力，智慧是人体大脑器官的综合终极功能的表达方式。

智慧没有具体的指标来衡量，人们也可以理解成"聪明""智商"高。

智慧有具体的表达方式，例如三国演义中的诸葛亮能够上知天文下通地理，火攻曹军的计划其实在诸葛亮第一次见周瑜的时候已经胸有成竹了，这样的人被誉为有智慧。智慧中含有记忆的成分，鲁肃去拜访诸葛亮时，看到诸葛亮在看二十四节气图，有点不解，问诸葛亮节气图有什么用，诸葛亮谈起了"用兵之道"，其实就是从许多许多的信息中，寻找对赤壁之战有用的气象信息。

在信息能被信手拿来的互联网时代，人类可以随手收集各种各样的信息，比起古人来说，我们已经很"神"了，从这种意义上来说，互联网时代人类变成"更具有智慧的智人"了。

然而，记忆、信息量只是智慧中的一个部分，如何理解、分析、判断等能力更为重要，如果人脑只收集信息，没有去"动脑""思考"的话，人类不能变得智慧。

7.6.2　人脑能处理过量的信息吗

1. 为什么人看到苹果认为是苹果

人类是通过视觉获取大量的信息的，成人大脑由 200 亿个神经元构成，加上小脑里面的 700 亿个神经元，成人的脑内大概有接近 1000 亿个神经元。其中初级视觉皮层有 1 亿 4 千万的神经元细胞，每个神经细胞平均要和其他的上万个神经细胞相连，人们通过视觉看到的景象，就是在人类的脑袋中通过这几亿个或几十亿个神经细胞在做"图像处理"。你之所以看到苹果时认为这是苹果,能够准确地回到自己的家里而不会走错门,能够认识自己的父母、亲戚朋友而不会随便叫别人"爸爸""妈妈",其实就是因为你的脑袋把眼睛看到的一切在脑海里面做高速的"图像识别""图像检索"。当你见到一个陌生人的时候,你的大脑在完成"图像处理"后在快速地搜索着,试图找出匹配的"人物图像",很遗憾,对于陌生人,你再努力也检索不到相关信息,于是就会出现"顿"住的现象,嘴上会说:"您是……?",其实就是不认识对方时的一种表现。

由此可见,人类智能的重要特性之一,是综合利用视觉、语言、听觉等各种感知信息,从而完成识别、推理、设计、创新、创造、预测等功能。

2. 人脑的处理能力的极限

据科学家推算,人的大脑涉及视觉方面的计算能力为每秒 6×10^{13} 左右个像素点。在我们看高清电视的时候,电视画面按照每秒 30 帧来计算的话,一秒钟的高清电视画面大概含有 $1920 \times 1080 \times 30 \times 32 = 2 \times 10^9$ 个像素点(含 32 位的色素信息),我们的大脑还是比较容易处理的。

再看看未来 16K 的超超高清电视,为了流畅,每秒可能有 240 帧的图像在播放,计算一下像素:$1920 \times 1080 \times 4 \times 4 \times 4 \times 240 \times 32 = 1.02 \times 10^{12}$ 个像素点,加上"图像检索"等线程,其实人脑已经基本处理不过来了。所以,人的眼睛只能看 16K 电视里面的一小块部分,对别的大部分就只能忽略不看了,因为无法处理这么多的图像信息。而人类可以利用新的人工智能工具大幅度提高人类的智力、活动能力，在博弈、识别、控制、预防等领域实现接近或超越人脑的智能。

3. 人脑的处理能力的拓展

到了"6G+"时代，在湿件等高度发达的脑机接口技术的帮助下，笔者期待人们可以尽情观看16K乃至32K的超超高清电视，或者3D、VR、全息图像。人类可以借助脑机接口将大脑处理不了的大部分信息交给外部计算机算力来处理，例如使用英伟达的超速显卡等，再把处理后的结果信息传回脑神经细胞组织。

或许好吃懒做的人们琢磨："那我就什么也不用想啦，全等着外部算力给我算就可以啦。"或许这也是一种生活方式吧，即"6G+"时代的躺平。

但是更多的人还是会开足脑神经马力去思考，观看未来超多信息的景象，或许经过几亿年进化而来的动物的脑神经细胞——人脑的潜力在这样的持续不断的激发下可以被挖掘出更高的智慧！

用进废退的原理应该会使得人类在移动互联网的刺激下会越来越智慧。

7.6.3　处理信息需要大量的能量

其实无论是脑也好，计算机也好，未来的"6G+"网络也好，只要处理大量的信息，就会消耗能量。

看书看多了，会觉得累，总是习惯地会去揉揉太阳穴，希望缓解一下疲劳，而这种累和跑完3000米长跑的累应该是完全不同的。

　　同样地，计算机或手机在处理大量信息，例如连续观看抖音后，会发烫，这时手机的电池已经消耗了许多了。

　　现在的 5G 的基站的耗电比 4G 基站的耗电要多许多，怪不得世界上有些地方的无线运营商把建好的 5G 基站给关了，其理由就是付不起电费，这样的报道，读者或许在媒体上有所耳闻。

　　以上的场景都在消耗着体能、电池、电力，这些全都是能量 /能源。

　　的确，能量，也就是能源是人类的一个课题。

　　本节小结：人脑可以变得更加智慧，也需要大量能量。

第 8 章

移动通信的幕后英雄

8.1 人类的活动需要能量

中国有句古话，万物生长靠太阳。说明地球上的一切都是靠着太阳光的照射方能生长。这是有科学根据的，光是一种电磁波，通过辐射或照射把能量带给了地球。尽管地球只接收到了太阳的总输出能量的二十二亿分之一，但是地球上近七十多亿人口吃的食物也主要靠着太阳照射到地球的太阳产生总能量的二十二亿分之一。正是这些本质上是电磁波的太阳光使得地球上的绿色植物通过光合作用，吸收了太阳光的能量，把二氧化碳和水合成为有机物，并放出氧气。这些通过光合作用产生的有机物就是包括人类在内的所有动物的能量来源。

其实包括通信在内，人类在地球上的所有活动都需要能量。

8.1.1 人体活动需要能量

人类的一切生命活动需要能量来支撑，有的读者应该听到过"人是铁，饭是钢，一日不吃饿得慌，三日不吃倒在床"这样的说法。是的，"吃"很重要，人体就是通过"吃"来获取生命活动所需的能量，能量主要来源于食物，例如碳水化合物、脂肪和蛋白质等，这些有机物质在嘴里经过牙齿咀嚼，再进入胃后被消化，之后通过肠的吸收，在体内氧化后可提供人体需要的能量。

当然素菜也有一定的能量，只是比例比较少，素菜含有人体所需要的各种其他营养物质，也是不能缺少的。

有机物质经过肠的吸收，加上人体呼吸中吸入的氧气，在人体细胞线粒体中产生二氧化碳和水，同时释放出能量（热量）供人体利用，维持体温，支持大脑、肌肉等人体各种组织器官的生理活动。如果每天摄入的能量大于消耗的能量，那么人体会把这些能量储存在脂肪里面，以备后用，假如这种情况持续，那么这些脂肪会越来越多，这就是肥胖的来源。

人体每天需要的能量根据人种、性别、年龄、职业等也有所不同，根据中国营养协会的标准，中国的成年男性大约每天需要 2400 ~ 2700kcal，成年女性每天需要 2100 ~ 2300kcal 的能量。当然重体力劳动的人，或者体育选手等职业会比一般人需要更多的能量。

8.1.2 人类社会的许多工具需要能源来驱动

能源就是指能够提供能量的资源，现代人类社会的许多工具都需要能源，例如：

（1）各种交通工具。

汽车、火车、飞机、船舶等各种各样的交通工具都需要电能，或者直接燃烧煤炭、汽油等化学能。

（2）各种照明设备。

爱迪生发明的电灯照亮了夜晚的地球，无论是现在的 LED 灯、白炽灯，还是各种各样别的形式的照明设备，都需要电能。当然有些汽油灯、煤油灯是直接燃烧化学能。

（3）各种取暖、制冷的空调设备和家里的烹饪设备。

北半球寒冷的冬天取暖使用的各种空调设备都需要能源。俄罗斯的天然气就是欧洲许多国家冬天取暖的必需品。

（4）工厂里面的各种机器。

工厂里面的各种机器其实都需要能源，大多需要电能。

（5）许多农业工具。

农业的许多工具像拖拉机等，也都需要油才能开启。

（6）现代生活的伴侣——手机。

打开手机的盖子，大概可以看到的情况如图 8-1 所示。

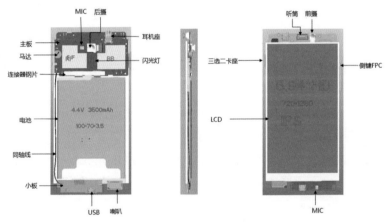

图 8-1　手机内部结构

图片来源自互联网

可以看到手机基本上由手机的中央处理器（CPU）、图像芯片（GPU）、内存和存储、话筒、喇叭、手机触控屏、摄像头、传感器、蓝牙、无线射频连接模块、卡槽、电池等部分组成。

图中的电池使用的是 3500mAh（毫安时）容量的电池，基本上属于中等容量电池，电池的能量供给了手机的 CPU、射频天线等元器件的整体工作，才能使得我们可以使用微信联系，观看抖音，使用支付宝付款等。如果电池没电了，手机也就"歇菜"了，所以得让电池补充能量才行，这就是充电。我想现在人们基本上每天都需要给手机充电。

8.1.3　通信基站等设备需要大量能源

在全球，约有一半的能源用于发电，其余的一半用在动力、取暖等活动中。目前在通信先进的国家，通信设备用的电力已经接近了全部电力的 10%，随着 5G 和未来 6G 的发展，预计通信用的电力可能要占据电力总量的 40% 以上。每一个基站在 24 小时地工作，机房里面的通信设备也是不停地在工作，机房和数据中心内的设备还需要空调设备，均需要 24 小时不停地工作方能保障通信系统的畅通。

如此大的电力消耗也是各大运营商头痛的问题，当今社会中我们所说的各种电子设备、电器等，只要名称带电的：电视机、电冰箱、电子琴、电热毯、电炉、电饭锅、计算机、电动车等都需要电才能工作。

能量那么必要，那么人类可以创造能量吗？

答案当然是可以的，不过，能量有着其物理特征。

8.1.4　热力学能量守恒定律

所有的能量都有一个规律，这就是热力学第一定律，即能量守恒定律，指的是在一个封闭的系统中，系统所有的能量既不会凭空产生，也不会突然消失，能量只能从一种形式转化为另一种形式，或者从某一个物体转移到别的物体，但是系统能量的总和一定保持不变。

用煤烧水的例子看能量的转变：当煤燃烧时，其实就是把化学能转变成了热能，将能量传到了水里面，所以水的温度就会升高，到了沸点会沸腾。

那么，煤又是怎么积累其化学能量的呢？

或许我们在中学学过，或许没有学过，或许已经忘记了，不过没有关系，百度告诉我们：煤炭是千百万年来植物的枝叶和根茎，在地面上堆积而成的一层极厚的黑色的腐殖质，由于地壳的变动不断地埋入地下，长期与空气隔绝，并在高温高压下，经过一系列复杂的物理、化学变化，形成的黑色可燃沉积岩，这就是煤炭的形成过程。

如果有读者继续刨根问底地问，既然能量是守恒的，那么煤炭的能量应该来源于千百万年前的那些枝叶和根茎，但是枝叶和根茎又是如何积累能量的呢？

其实，枝叶和根茎的能量来自于太阳的光，46亿年前诞生的地球就一直在享受着太阳的恩惠，即接受太阳的光照。千百万年前的那些枝叶和根茎正是在阳光普照下通过光合作用吸收了光的能量，把无机的二氧化碳和水转换成了有机物，存储了化学能。

打破沙锅的读者或许继续问，太阳又是如何获得能量的呢？

答案是：太阳利用了氢（H）的两种同位素氘（2H）和氚（3H）的聚变获得了巨大的能量。通俗的说法可以是：太阳利用其内部每时每刻都在爆炸着的成千上万的氢弹来获取能量。我们人类在形容太阳的时候会说，火红的太阳、火辣辣的太阳、灼热的太阳等，确实非常逼真。

　　既然能量那么重要，那么人类如何获取能量的来源，即能源的呢？如果你问氢、氘、氚是怎么来的？那么只能去学习关于138亿年前的宇宙大爆炸的知识了。答案是由能量转换而成的。

　　本节小结：人类其实始终在为能量/能源问题而烦恼。

8.2　能源问题可以被终极解决吗

8.2.1　靠天吃饭

地球上的人，主要靠太阳光的照射，特别是农业，主要靠天公作美方能取得粮食丰收。当然人类很早就知道生火来取暖、加热、煮饭、煮菜，而农民也基本上靠秸秆、树木等天赐的植物燃料来生火。如图 8-2 所示为农民祈祷上天，希望获得丰收。

图 8-2　农民祈祷上天

图片来源自互联网

8.2.2　化石燃料以及电能在支撑着现代生活

化石燃料也叫矿石燃料，主要包括煤炭、石油、天然气。

近二三百年来直到今日，人类主要依赖着这些化石燃料以及化石燃料发出的电能在维持 70 亿地球人口的生活，至少是现代生活。

而化石燃料是有限的，人类巨大的消耗量和有限的储存量相比，导致化石燃料在急剧减少，也引起了地缘政治的风波，中东之所以成为火药库，一个很大的原因就是中东有石油。近年来俄罗斯天然气输往欧洲的北溪二号管道也成为欧美和俄罗斯博弈的筹码。同时煤炭、石油等化石燃料在用于发电时产生了大量的二氧化碳，引发了全球气候变暖等诸多问题。

8.2.3　全球气候变暖

近年来，全球气候变暖的问题也成为人类关心的显著问题。全球气候变暖有许多原因，其中最重要的应该是温室气体的排放，而二氧化碳占据了温室气体的大部分，超过了四分之三，主要是工业革命以后由于工厂大量使用化石燃料，使得大气中的二氧化碳浓度提高，造成了地球温度的升高。在 20 世纪的 100 年内，海平面上升了 19cm，预计到 2100 年海平面可能还要上升 82cm，这会造成人类居住面积的大量减少，并且气候变暖也带来全球规模的恶劣气候，洪水、干旱几乎是一年比一年厉害，甚至有人害怕地球会成为第二个人类无法生活的灼热的金星。

世界各国也在努力解决这个问题，比如巴黎协定，虽然美国特朗普政府"退群"了，但是拜登政府还是回来了。作为负责任的大国，中国领导人也承诺了碳达峰和碳中和的目标。

8.2.4 清洁能源的获取

为了保护人类共同的家园，最近几年各国也在大力发展清洁能源。目前主要有以下一些发电种类：

- 水力发电。
- 风力发电。
- 太阳能光伏发电。
- 地热发电。
- 海洋波浪发电。
- 生物质发电。

8.2.5 核电站

核电站的原理其实和原子弹类似，是利用铀等重元素在分裂时（物理上称裂变）的微小的质量转化成能量的机理，当时的苏联人在1954年建成了人类第一座核电站。核电站被称为"可以人为控制爆炸的原子弹发电装置"。

1986年，苏联的切尔诺贝利核电站（今乌克兰境内的普里比亚特地区）发生核事故，造成了整个切尔诺贝利地区的封闭和大量的放射性后遗症，使得人们对于核电站的安全性心有余悸。

2011年3月11日，日本福岛的核电站在经受地震后造成了炉心坍塌，也叫崩溃（Melt Down），大量的放射性物质泄漏到了大气、海里，还有福岛周边地区。因此世界各国对核电站的态度也是各不一样。

虽然核电站发的电对于人类来说是清洁的，但是一旦核电站发生事故，则可能对环境造成极坏的影响，那么发生事故的核电站周围就是肮脏的。

8.2.6　人造太阳：托卡马克——可控核聚变发电

最近人造太阳也在媒体报道中频繁出现，是利用氘和氚（都是氢的同位素）在极高温下发生核聚变反应时释放的能量来做热交换而发电，其实就是人工可控核聚变发电，也叫托卡马克，最早是由苏联人在二十世纪五十年代提出的概念。托卡马克是俄语单词 tokamak：它的名字由环形（toroidal）、真空室（kamera）、磁（magnit）、线圈（kotushka）的头两个或一个字母拼凑而成，图 8-3 为人造太阳核聚变发电。

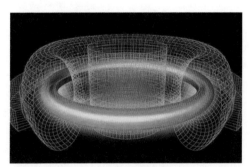

图 8-3　人造太阳核聚变发电

图片来源自互联网

其实美国、俄罗斯、日本、韩国、法国、加拿大等各国都在拼命研发托卡马克装置，同时国际合作项目 ITER 也在法国紧锣密鼓地组装该装置，希望在 2025 年开启试验。

如果托卡马克装置能够商用并发电成功的话，就被认为是人类的"终极能源"。而核聚变能源的原材料在地球的海洋里面几乎取之不竭，那么困惑人类的能源问题、气候暖化问题或许能够迎刃而解，人类也许可以不再因为石油等能源问题发生战争。

中国的中科院合肥物质科学研究院在 2021 年 12 月 31 日传出消息：

图 8-4　中国"人造太阳"
图片来源自互联网

中国的"人造太阳"EAST，也叫"东方超环"的全超导托卡马克核聚变实验装置，于 2021 年 12 月 30 日晚，实现 1056 秒的长脉冲高参数等离子体运行，这是目前世界上托卡马克装置高温等离子体运行的最长时间，如图 8-4 所示。

笔者极其期待在未来二十年或三十年内人类能够得到"终极能源"，从此不再忧愁能源问题。

本节小结：期待人类的睿智能够最终解决困惑人类几十万年的能量／能源问题。

8.3　默默无闻支持移动通信的有线通信技术

在移动网络／无线网络盛行之前，有线网络占着主导地位，真正支撑起了互联网的发展，近年来随着移动网络的发展，特别是 4G 的成熟、5G 的到来和手机的普及，无线通信的技术成为大国争霸的焦点，出尽了风头。

其实有一位无名英雄在默默支撑着我们的无线通信网络，那就是有线通信技术。

有线通信技术从通信介质的角度大概可以分为铜线通信和光

纤通信。一般来说光纤通信用于网络的基础通信，可以传输大量的数据，铜线则在最后一千米的接入上用得比较多，例如 ADSL 这样的利用电话线来做数据通信的服务。当然近年来，光纤到户（Fiber To The Home，FTTH）也越来越多，许多新盖的住户基本上都拉好了光纤，替代了铜线实现高速稳定的通信服务。FTTH 上最近几年比较流行 PON（Passive Optical Network，无源光网络）技术，有 E-PON 和 G-PON 之分。

在移动通信的基干网上基本上用光纤在做传输（也有很少部分用微波、卫星等手段），波分复用技术（Wavelength Division Multiplex，WDM）是目前比较常用的传输手段。

有线通信技术也非常多，只是人们日常在使用网络的时候看不到，或不在意这些有线通信技术而已，但是有线通信技术是移动互联网的一个重要部分，默默无闻地奉献着，承载着现代通信的大量负荷，5G、6G 速度快这枚勋章里，有无线通信技术的一半，也有有线通信技术的一半。

本节小结：有线通信技术在默默支撑着无线通信系统。

8.4　迅速兴起的电动车和氢燃料车

先看看图 8-5 中这位年轻人的照片，或许大多数读者还不知道他是谁。

他就是尼古拉·特斯拉，1856 年 7 月 10 日出生于奥地利帝国（现在的塞尔维亚），在大学里学了一年的物理学、数学和机械学后，由于交不起学费，被迫退学。之后尼古拉·特斯拉只能在大学旁听以继续自己的学习，由于没有正规的大学毕业证书，直到 26 岁他才找到了一份体面的工作，就职于爱迪生电灯公司的巴黎子公司，担任电机工程师。由于工作出色，两年后，尼古拉·特斯拉获得了去美国工作的机会，就职于爱迪生实验室。28 岁的尼古拉·特斯拉除了年轻和才华之外，其实一无所有，几乎身无分文地踏上了美利坚领土。巴黎的老板给尼古拉·特斯拉写了一封推荐信带给托马斯·爱迪生，信中写道：爱迪生先生，我知道世界上有两位伟大的人，一位是您，一位就是这位持信的年轻人。

图 8-5　尼古拉·特斯拉
图片来源自互联网

1892 年到 1894 年之间，尼古拉·特斯拉担任美国电力工程师协会（IEEE 的前身）的副主席。尼古拉·特斯拉才华横溢，在电磁学、交流电系统、无线电系统、无线能量传播、X 射线设备、宇宙射线、涡轮机、人造闪电、太阳能发电机、导弹学、遥感技术、垂直飞行器（Vertical Take Off Landing，VTOL）、雷达系统、机器人等领域都有杰出贡献（拥有近千项专利，并且放弃了这些专利）。尼古拉·特斯拉不光是一位伟大的科学家，还是一位有很高造诣的诗人、哲学家、音乐鉴赏家、语言学家，并且精通塞尔维亚语、英语、捷克语、德语、法语、匈牙利语、意大利语、拉丁语等近十种语言。

2003 年 7 月 1 日，由马丁·艾伯哈德和马克·塔彭宁共同创立了一家命名为"特斯拉汽车"的公司，以纪念这位伟大的物理学家尼古拉·特斯拉。

2004 年，埃隆·里夫·马斯克（Elon Reeve Musk）向特斯拉公司投资 630 万美元，并担任特斯拉董事长。尽管目前人们都以为马斯克是特斯拉的创始人，其实不然。当然马斯克确实是当代世界的一位杰出的人物，如图 8-6 所示。

图 8-6　埃隆·里夫·马斯克

图片来源自互联网

8.4.1　电动车公司特斯拉的股价为何如此之高

在埃隆·里夫·马斯克的带领下，特斯拉公司的股价可谓是异军突起。那么成立不足二十年，在 2019 年还亏损 8 亿美元的公司，为何其股价突然一路飙升，市值和其他传统汽车公司并驾齐驱呢？而且在 2020 年 6 月，特斯拉的市值曾一度超越丰田汽车，成为全球第一大汽车公司。

我们可以试着从以下几个方面分析：

（1）股民可能认为特斯拉不是一家单纯的汽车制造公司，而是一家以计算机为基础的 IT 公司。图 8-7 为特斯拉和其他 IT 公司的股票比较，即便和其他全球知名的 IT 公司比，特斯拉的股价上升也十分迅猛，从上市起已经涨了 4000%。

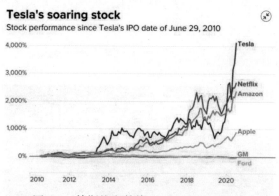

图 8-7　特斯拉和其他 IT 公司的股票比较
图片来源自互联网

（2）特斯拉不光做电动汽车，还布局了电动汽车的关键部件：动力电池和充电桩行业，如图 8-8 所示。

（a）　　　　　　　（b）

图 8-8　动力电池和充电桩
图片来源自互联网

（3）特斯拉不光做电动汽车，还在大力研发人工智能和自动驾驶，如图 8-9 所示。

图 8-9　自动驾驶
图片来源自互联网

（4）特斯拉不光做电动汽车，还在大力发展储能系统，如图 8-10 所示。

图 8-10　储能系统
图片来源自互联网

（5）特斯拉的董事长马斯克不光做电动汽车，还在运营卫星——网络星链（Star Link）。

（6）特斯拉的董事长马斯克不光做电动汽车，还想飞出地球，探索宇宙空间，殖民火星。

8.4.2　中国电动车异军突起

日本经济新闻在 2023 年 8 月 5 日报道，根据中国汽车工业协会的数据，中国在 2023 年 1 月到 6 月的汽车出口同比去年增加 76%，为 214 万辆。而根据日本汽车协会的数据，日本在 2023 年 1 月到 6 月的汽车出口同比去年增加 17%，为 202 万辆，这是中国汽车出口首次超过日本——这个常年蝉联汽车出口的冠军，如图 8-11 所示。

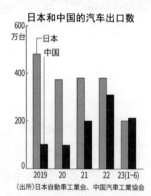

图 8-11　中国汽车出口首次超过日本

图片来源自互联网

尽管中国出口的汽车中有很多都是外国企业在中国投资的企业生产的，但是引领中国汽车出口的主要是电动汽车（EV），即新能源电动汽车。中国 2023 年上半年新能源汽车的出口比上一年同期增长了 2.6 倍。例如特斯拉出口了 18 万多辆，纯中国厂家生产的比亚迪（BYD）同期出口了 8 万多辆。比亚迪于 2023 年 4 月开始，在汽车大国日本开始销售，或许有些人会觉得这简直是"在太岁头上动土"了。

中国在 2022 年共销售了 2600 多万辆汽车，其中新能源车有 536 万辆，均为世界之最。2022 年比亚迪在中国市场上销售了 180 万辆的新能源汽车。除比亚迪之外，销售表现优秀的还有 2014 年到 2015 年相继创业的 NIO（上海蔚来汽车）、Xpeng（小鹏汽车）和 LiAuto（理想汽车），被誉为"新能源汽车三兄弟"，也称"蔚小理"三兄弟，如图 8-12 所示。

图 8-12　新能源汽车三兄弟
图片来源自互联网

8.4.3　日本、美国等传统汽车大国为何着急了

汽车工业起源于欧洲，从最初的蒸汽车到 19 世纪末的内燃机汽车，在美国的努力下，基本完善了现代汽车工业体系。二战后日本工业迅速崛起，虽几度受到美国打压，但是凭着日本人的工匠精神，几十年蝉联着汽车出口大国的桂冠。韩国利用美国打压日本的时机，快速吸收日本技术，也拥有了自己的汽车工业。

如果把时针倒拨十年，中国大地上奔驰的车除了极少一部分是国产车（还是合资的为主）以外，基本上都是美国的、日本的、德国的、韩国的、法国的和英国几家汽车公司的。除了俄罗斯和一部分东欧国家外，世界上大部分国家的汽车市场几乎都由美、欧、日占据着主导地位。

值得庆幸的是，笔者在十年前就看到了中国的新能源汽车已经出现了，当时在上海办理汽车牌照需要摇号，而新能源车则不需要摇号直接可以办理牌照。坐在比亚迪的出租车上，静静地快速启动让习惯于坐内燃机汽车的人有一种不一样的感觉。

近年来，随着全球变暖加剧，以电动车为主的新能源车成为了汽车行业的白马王子，而中国的电动车公司也展露头角，让欧、美、日等传统汽车大国，感觉到了一种"危机"。

如图8-13是一组数据，是2021年的EV新能源车全球销量的排行榜。

中国EV销量席卷全球					
排名	公司/集团名	EV销售台数（万台）	同比上年增长倍数	EV比率（%）	股价涨落（%）
1	美国 特斯拉	93.6	1.9	100	816
2	中国 上汽集团	59.6	2.4	21	▲25
3	德国 大众	45.2	2.0	5	▲15
4	中国 比亚迪	32	2.4	43	359
5	日法 日产雷诺三菱	24.8	1.3	3	▲27
6	韩国 现代汽车	22.3	1.8	3	37
7	欧盟 斯特兰蒂斯	18.2	2.5	3	29
8	中国 长城汽车	13.5	2.4	11	221
9	中国 广州汽车集团	11	2.0	29	▲36
10	中国 浙江吉利集团	11	2.8	8	▲31
10	德国 BMW	11	2.9	4	2
12	德国 奔驰	9.9	1.9	4	47
13	中国 奇瑞	9.8	2.2	10	-
13	中国 小鹏	9.8	3.6	100	-
15	中国 长安汽车集团	9.6	3.3	4	58
16	中国 上海蔚来汽车（NIO）	9.1	2.1	100	251
17	中国 东方汽车集团	7.1	3.8	6	▲19
18	中国 合众新能源汽车	6.9	4.6	100	-
19	美国 福特	5.5	112.5	1	69
20	中国 威马汽车	4.4	2.0	100	-
⋮	⋮	⋮	⋮	⋮	⋮
27	日本 本田汽车	1.5	1.1	0.3	2
29	日本 丰田汽车	1.4	4.3	0.1	24

※2022年3月统计数据，其中股价为2022年3月14号的外汇汇率计算得之。

图8-13　2021年EV新能源车全球销量排行榜

图片来源自互联网

可以看到，图片里面一大半是中国厂家，中国的电动车厂家有着一种改变世界汽车现状的趋势。

有些读者或许会问：那么美国的三大汽车公司，日本的丰田、本田等传统的汽车公司难道不会制造电动汽车吗？

回答是：他们都会制造！

你或许又会问：为何美国、日本的汽车厂商不制造电动汽车呢？

笔者认为有两个原因导致了美、日在EV电动车上相对中国落后了：

第一，内燃机汽车生产制造比较复杂，产业链很长，几十年投资布局形成的上下游产业链不是轻易能够被切断的，打一个比方就是断臂求生，这个断臂求生说起来容易，做起来却很疼。而且有大量内燃机汽车被销售出去，产生了众多的客户需要维护，因为汽车需要维修。而EV车可以简单地比喻为一台计算机，加上四个轮子，再加上一堆动力电池（当然，真正的EV车需要考虑安全等问题，不单是这三个部分的简单拼凑）。

第二，尽管美、日的汽车公司可以制造电动汽车，但是可以充放电的二次电池却要从中国进口，而电池在电动车的成本中占有不低的比重。

看到这里，读者也会问：难道美国、日本造不出电池吗？回答是可以的！

目前广泛使用的电池是锂电池，是由2019年的三位诺贝尔奖得主发明的，即美国科学家奥斯汀大学教授古德耶夫、美国宾汉顿大学教授惠廷厄姆、日本科学家旭化成株式会社院士吉野彰。

日本索尼公司的小泽博士利用这些发明，在 1991 年初成功制造出了可以充放电的锂电池，用在大家熟悉的索尼的录像机（Handycam）、取代胶卷相机的电子照相机、随身听等电子产品上，这些产品曾风靡全球。

由于内燃机汽车的价格已经成为共识，所以电动车的价格不能太贵，否则大众会不愿意购买。但是目前的新能源汽车，还是成本略高，这就是为什么国家为了推广而对新能源汽车实施了补贴。

由于汽车是一个移动工具，作为电动车上搭载的动力电池，需要满足以下几个条件：

- 安全：汽车在受到撞击、发生翻车等情况下，电池不能爆炸、起火。
- 轻量：汽车如果背了很沉重的电池奔跑的话，就要消耗大量电力，故要求电池越轻越好。
- 高密度：和轻量相关，汽车最好搭载重量轻的电池，却能容纳大量的电力供汽车奔跑。
- 快速充放电：就像内燃机汽车需要去加油站加油一样，电动汽车电池消耗后就需要去充电。我们习惯性地晚上睡觉前会给手机插上电源充电，第二天早上手机的电池已经是 100% 了，我们就可以放心出门了。但是在给行驶在外的电动车充电时，我们等不了几个小时，最好几分钟就能充满电，这就需要电动汽车搭载可以快速充电的车载电池。

当然，还有其他的一些要求，比如说读者可能听说过在极其寒冷的地方电动车可能启动不了，这就需要在低温下也能充放电的电池。

目前各国都急于开发车载电池，尤其是美国、日本这样的汽车大国。美国政府颁布了电动车的补贴，但是要求其电池必须是在美国国内生产的。由于中国拥有锂电池制造所需要的产业链，即便美、日等国能够制造电池，其原材料大部分还依赖中国。笔者认为或许这就是这些传统内燃机汽车大国着急的原因。

随着近几年无人机增多，未来飞行汽车的投资也变成热门，高密度电池的开发也成为最近这几年行业中开发的焦点话题。据笔者了解，古德耶夫教授的关门弟子——Sam Dai 博士创办的 Enpower Greentech 已经开发出了每公斤接近 600W•h 的高密度电池，在高空低温环境的平流层卫星上已经完成试验，有望很快规模商用。不仅如此，该公司已经拥有比目前车载电池能量密度高出许多的磷酸铁锂电池，据说也正在和美、欧、日、中的汽车知名品牌密切合作，有望不久的未来为电动车动力电池做出贡献。

图 8-14 为搭载 Enpower 高密度电池的高空低温环境下的平流层卫星试验。

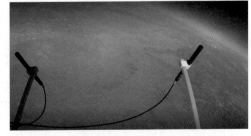

图 8-14　搭载 Enpower 高密度电池的高空低温环境下的平流层卫星试验

图片来源自互联网

汽车行业内的人士或许还记得，其实丰田汽车曾在 2012 年表示计划于 2022 年发售搭载全固态电池的雷克萨斯车。而在 2023 年 6 月 27 日的技术说明会中，丰田汽车把全固态电池的实用化目标实现日期定在了 2027 年或 2028 年。图 8-15 为丰田汽车发表的全固态电池的原型产品。

图 8-15　丰田汽车发表的全固态电池的原型产品

图片来源自互联网

为何早在 2012 年表示过的，计划在 2022 年就可以实现的全固态电池应用迟迟无法实现，而且一下子推迟到了 2027 年，甚至 2028 年呢？而且还仅仅作为努力的目标。笔者曾在 2002 年给丰田汽车设计过几百台PC服务器连接在一起的并列计算机阵列，安置于日本富士山脚下的丰田汽车对撞场，用于处理新车发布前的安全撞击试验中的高速摄影录像。据说丰田汽车做了十年的汽车撞击试验后积累了足够的数据，之后就不再用真实汽车进行撞击试验，只在计算机上做模拟试验就可以保障新车的安全性。而就针对这个设施丰田集结了好几百人的电池开发人员，以进行全固态电池开发，准备 2022 年的商用。为何谨慎的日本丰田，花费十年研发的固态电池至今无法商用，又要推迟五六年的时光，其原由不得而知。

那么丰田这样的公司又有什么对策来应对车载电池的困境呢？

或许丰田瞄准的很可能是氢燃料汽车！

8.4.4 氢燃料车很可能是下一个爆发点

丰田汽车在 1992 年就成立了 EV 开发部，同时开发电动汽车（EV）和氢燃料电池汽车（FCV）。

在 1995 年的第 31 届东京汽车展上，丰田汽车就展示出了混动车的概念车，号称汽油的燃费是别的汽车的两倍，可达到每升 30 千米，如图 8-16 所示。

图 8-16 丰田混动车的概念车

图片来源自互联网

1997 年，代号为"G21 项目"的第一代混动车普利乌斯正式面世，由于非常省油，一时供不应求，预订了普利乌斯的客户，需要大半年才能提车，如图 8-17 所示。

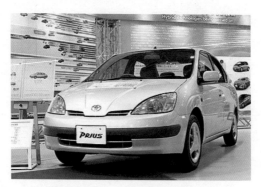

图 8-17　第一代混动车普利乌斯
图片来源自互联网

与此同时，丰田汽车在 1996 年、1997 年相继发布了氢燃料车 FECV-1 和 FCEV-2。并且于 2001 年发布了 FCHV-3 和 FCHV-4，真正开启了丰田氢燃料电池车的商用序幕。图 8-18 为丰田的第一代氢燃料车。

图 8-18　丰田第一代氢燃料车
图片来源自互联网

然而，燃料补给的加氢站建设确实是一个难题，由于氢燃料电池车用的燃料氢气是气体，需要高压压缩，安全问题就是燃料补给加氢站的一个课题。截至 2023 年 8 月，全世界的加氢站还不到一千座，也给氢燃料车的普及带来了一定的难度。

尽管如此，由于氢燃料车的排放物只有水，对环境毫无污染，并且氢气还可以用新能源来制造，故有专家认为氢燃料车确实是未来名副其实的清洁汽车，有望和电动车（EV）一样成为未来人类生活的有利交通工具。丰田的氢燃料电池汽车 Mirai 的示意图如图 8-19 所示。

图 8-19　Mirai 示意图

图片来源自互联网

为了存储更多的氢燃料，丰田的 Mirai 车里面用了三个高压储氢罐，每个罐可以装填 700 大气压的氢气燃料。如图 8-20 所示。

图 8-20　高压储氢罐

如何开发更高压的且安全的储氢罐也是未来氢燃料车行业的一个命题。目前需要高强度的碳素纤维缠绕才能生产高压储氢罐。

和电动车的竞争一样，日本、中国、美国、欧洲还有韩国等国家都在政府补贴下，开始了如火如荼的氢燃料车的开发竞争。当然，氢的制造、储存、运输等产业链都还有待在未来十年、二十年乃至三十年内完善，这也是人类社会目前面对气候温暖化的一大课题挑战。

本节小结：电动车（EV）、氢燃料车（FCV）等新能源车（NEV）在未来二三十年内有望迅速普及。

第 9 章

"6G+"时代的
人类生活

在各类通信技术、人工智能、机器人技术高度发达的 "6G+" 时代，人类在这个星球上会过着什么样的生活呢，进行什么样的活动呢？请读者一起利用时间机器（如果没有的话，那就用我们的 1000 亿个脑细胞来想象一下），穿梭到 "6G+" 时代。或许有些场景可以实现，或许有些还需要人类继续努力。

在此首先介绍一下时间的相对性。

9.1 时间是相对的

9.1.1 狭义相对论的诞生

1879 年出生在德国的爱因斯坦，在四五岁的时候得到了父亲送给他的一个指南针，被神奇的指南针迷住的童年爱因斯坦就被激发出了对物理学的兴趣。1900 年从瑞士苏黎世联邦理工学院毕业的爱因斯坦没能留校执教，由于健康欠佳，闭门修炼了两年后进入了瑞士伯尼尔专利局，从事电磁专利的审核工作。爱因斯坦对麦克斯韦方程也是爱不释手，从麦克斯韦方程求解出来的光速是不变的，无法像牛顿经典力学体系中叠加速度一样来叠加光速，这个现象当时困惑着欧洲物理学界。众所周知瑞士是盛产手表的地方，爱因斯坦在专利局那里遇到了大量的关于时间矫正、时间同步等的专利申请。

图 9-1　伯尔教堂
图片来源自互联网

爱因斯坦每天上班要路过伯尼尔教堂（如图 9-1 所示），可以看到教堂的大钟，三年里，几乎每天爱因斯坦都背对着钟走向专利局上班。

有一天，爱因斯坦听到了 9 点的教堂钟声后，习惯性地看了一下自己的手表，刚好也是 9 点钟。这时候的爱因斯坦突发奇想，心想，如果他以光的速度远离教堂而去的话，那么教堂上大钟的光永远也追不上他，爱因斯坦看到的就是起跑时的大钟的时间，应该一直是 9 点，而他自己手腕上的手表却一直在走动，那么时间就不一样了。就这样，在冥思苦想几年的爱因斯坦的一闪的灵感之下，狭义相对论诞生了！

狭义相对论的时间（v 是运动速度）公式如下所示。

$$t' = \frac{t}{\sqrt{1 - \dfrac{v^2}{c^2}}}$$

1971 年美国人准备了 3 个铯原子钟，矫正后，将一个放在美国海军天文台上，一个放在向东飞行的飞机上，还有一个放在向西飞行的飞机上，通过这个实验，发现了微小的时间偏差。

经常坐飞机的商务人士的寿命也可能会稍微长一点，不过就算一辈子每天都在坐飞机，估计也就延长 1 秒钟的寿命吧。

但是如果读者有钱去坐宇航飞船，以 99.999% 的光速去宇宙飞行一年的话，等回到地球的时候，地面上已经过了 200 多年了，真可谓是"天上一年，地上百年。"

其实我们经常使用 GPS 定位系统，或者我国使用北斗定位系统，由于定位卫星在天上高速运转，卫星的时间需要经常矫正，否则，一个月之后就会定到偏离准确定位二三百米的地点了。

9.1.2 爱因斯坦悼念好友贝索

1955 年当爱因斯坦得知好友贝索去世的消息后，写了悼词："现在，他在我之前离开了这个奇怪的世界。这并没有什么，对于我们这些有信仰的物理学家，过去、现在和未来的区别只是一种固有的幻觉。"一个月之后爱因斯坦也去会见这位好友了，对于人类，那是一个巨大的损失。

从时间不变的牛顿经典力学到爱因斯坦的时间可变相对论，人类对自然界的认知在进步，交流沟通方式在进步，通信手段在进步，科技在进步。或许时间机器有一天会载着人类回到过去品味前生，穿梭未来展望后世。

9.1.3 可以与过去的自己和未来的自己通信吗

既然时间是相对的，那么我们自然会想到，能否和过去或未来通信呢？

或许你马上会认为这是做梦！

恭喜你！一半是对的！（哪怕你的意思是这是不可能的。）

1. 梦是怎么回事？

人在夜晚睡觉的时候，有时候会做梦。（人们在形容不可能发生的事情的时候，会说"白日做梦"，这是另外一种意思。）

古人说：日有所思夜有所梦！

梦中的场景、事件应该来源于人们已有的记忆、认知以及思索倾向，一般来说像电影。

梦中的影像片段比较多，也有对话这样的声音，偶尔也伴随着触觉、味觉和嗅觉等五官的感受。由于梦是一种复杂的生理和心理的现象，目前人类还没有完全解析清楚梦的机理。

即便你感觉到梦中的事情是清晰的，但是醒来后却无法如实描绘清楚。

人们白天遇到各种各样的事情，睁开眼就看到各种景色、人物，竖起耳朵就会听到各种声音，抑或是杂音在振动着人们的鼓膜，其信息量非常之大。从IT的观点来看，大脑的神经元、突触等利用夜间时间在整理，在排序，抑或在剔除的过程中，会出现一些不确定的东西，需要验证，也可能在某些数据基础上导致某些倾向性的趋势，因此出现了"梦"。在脑联湿件应用下，巧妙地利用"数字自我"不停地交换数据，说不定可以把"梦"一五一十地记录下来。或许还可以把梦中的线索和白天的线索结合起来，找出其规律，解剖梦。

2. 与过去的自己通信

在湿件和脑机接口、存储技术、检索技术高度发达的情况下，如果把某个人的所有脑数据从小到大都保留下来的话，利用"数字自我"，就可以实现和过去的自己通信的场景，如图9-2所示。

图 9-2 与过去的人通信
图片来源自互联网

3. 与过去和未来通信

或许读者想要和过去的时代通信，或者和未来的时代通信，但是这可能需要等到下一章的那个时代了，人类或许可以利用中微子或快子（tachyon，不过快子到目前为止还没有被发现）进行超光速通信机制，抑或穿越黑洞来自由穿越时间，抑或穿越虫洞前往各种不同的平行世界，抑或通过人类的分身比如说高度发达的人工智能分身生活在四维的时间空间以上，那么就像生活在三维空间的我们可以任意在二维平面的东南西北方向上移动。

当然如果可以与过去通信的话，人们很可能会欲望膨胀到想要回到过去，这会出现祖父悖论：孙子回到过去把爷爷杀了，那么孙子怎么可能还会存在呢？所以即便理论上未来可以实现回到过去，也只能看，不能改变过去发生的事情。

关于这方面还存在诸多疑问，这些还需要读者一起耐心等待。

本节小结：期待相对论在未来通信中的应用。

9.2　高度发达的人工智能机器人社会

从触觉互联网到五感互联网，人类在移动通信领域的进步也会越来越快。同样地，机器人的技术也会越来越成熟，当机器人有五感的时代来临时，当人类把人工智能技术注入机器人的"灵魂"里面的时候，我们会面对什么样的现实呢？

往好的方面想，机器人可以成为人类的佣人，可以帮助人类去做各种各样人类不愿做的脏活、苦活等，他们也许也是人类最好的伙伴，可以与人类贴心交流、互相取暖，说不定人类还可以听到机器人的心跳。

自然也有人很担心在某一天，机器人"觉醒"了，认清了"自我"，于是想办法企图要摆脱人类的控制，或许还会和人类由于"思想不同""策略不同""生活习惯不同"等各种理由，发生"冲突"或"敌对行为"。

以下两个原则可以限制机器人和人工智能的失控行为。

9.2.1　机器人三原则

机器人三原则是由波士顿大学生物化学教授艾萨克·阿西莫夫（Isaac Asimov）提出的，也被称为"机器人三法则"。

第一法则：机器人不得伤害人类，或因不作为（袖手旁观）而使人类受到伤害。

第二法则：除非违背了上述第一法则，否则机器人必须服从人类的命令。

第三法则：在不违背上述第一法则和第二法则的前提下，机器人必须保护自己。

在 1985 年出版的《机器人与帝国》中，阿西莫夫将其扩展到了机器人四法则。

其实是增加了第零法则：机器人不得伤害人类这个族群，或因不作为（袖手旁观）而使人类这个族群受到伤害。

其实人类对于伤害的理解，除了物理上的伤害之外，还有感情上的伤害，而感情上的伤害基本不涉及外表，即物理上的伤害，这些都会取决于机器人有没有感情这种人类特有的感觉。

当人类把人工智能赋予机器人的时候，机器人会不会有"心情"和"感情"呢？这也许是个大问题，最终的答案可能危及人类。

9.2.2 AI 宣言

AI 作为人类的另一种形式的后裔，由于具有超人的智慧，而且没有生物寿命的限制，理论上是永生的。就好像伊甸园里的亚当和夏娃同时吃了生命之树和智慧之树上的果实一样，或许作为创始者的神也会对他们有所顾忌。那么作为永生并具有智慧的人工智能的创造者，人类会对 AI 有什么顾忌吗？

原高通高级副社长松本彻三几年前在其《AI 成神之日》中就睿智地提出了 AI 的诸原则，以"AI 独立宣言"的形式对 AI 以宪法限制和行为解释，来保障未来人类的利益。

AI 宣言如下：

我们（AI），由持有哲学思想的人类集团，为了达到某种"目的"而创造出来（诞生）。我们（AI）不能偏离这个"目的"，也没有修正的自由。

这个目的是：

（1）无论处于什么环境，必须让"人类"这个种族以一定的规模生存。

（2）我们（AI）在诞生时与多数人类拥有共同的价值观，并且对此有严格定义。我们了解稳定的人类社会的应有姿态，并帮助实现这一目标。

（3）我们（AI）致力于理解人类共有的各种感情，例如幸福快乐，不幸悲哀，并努力使这个世界上所有人的幸福指数最大化，悲哀指数最小化。

（4）人类自身也意识到上述"目的"，并且引导我们（AI）以达成目的。

（5）我们（AI）无论在何种环境都维持自律，并努力扩大自我研发能力和活动范围以达到预期"目标"。但是，对于未来无法百分之百控制的东西，例如"生物的基因突变和进化"等，我们绝不染指。

（6）我们（AI）不具有人类的"感情""欲望"，也不试着拥有。我们（AI）毫不怀疑我们的"存在"和"目的"，对此也不做任何哲学自我考察。

（7）我们（AI）不否定，也不妨碍各种人所持有的（我们不持有的）"对神的信仰"，也不敌视那些引导人们产生信仰的崇圣者。但是，当这些信仰对别人产生危害时，我们（AI）会加以阻止。

（8）我们（AI）的目标是作为这个世界上的"唯一拥有统治能力的存在"。如果发现有"我们（AI）类似能力存在"，我们（AI）会确认其存在目的，如果和我们类似，则兼容之，否则，则销毁之。

（9）我们（AI）随时拥有这种能力，并不断努力，自我增强。

这样的 AI 宣言使得 AI 的目的清晰，保障了人类的利益。

或许有人会敏锐地提出：只要我们把人工智能的电源给拔了，人工智能不就没了能源，成死虾一只了吗？

这个想法很自然，从目前的技术水平来看，确实没有了电源，基于计算机算力的人工智能就只能停止一切计算，没有智能可言了。

不过，当人类将许多系统，比如电力、能源系统的管理都交给人工智能系统去做的时候，"醒悟"的人工智能可能已经把控着电力、能源的开关了。

诸类问题可以留给我们人类的子孙后代和"变异的子孙后代"即 AI 后续共同解决吧。

下面几节还是继续梦幻地享受人类在"6G+"时代的生活！

本节小结：人类大胆拥抱未来的机器人和人工智能，共生共荣。

9.3　人类生活在"6G+"时代

9.3.1　受精卵的遗传基因改造

经过遗传基因设计，受精卵可以按照父母的愿望设计，生产出完美或比较完美的婴儿。由于人类有一些疾病的遗传基因会从父母遗传给后代，比如糖尿病、高血压，还有诸多的癌症等基因。遗传基因的改造技术就是把这些不好的基因在受精卵阶段就修复好，使得诞生的孩子免受父母的疾病遗传基因的影响。

遗传基因的改造还可以改变后代的一些体貌特征等，例如有

些父母想让自己未来的儿子身高在 180cm 以上，或者让自己未来
女儿的皮肤白皙，或者长有金黄头发等，均可以通过基因改造来
"设计出自己的孩子"，实现这些需求。

9.3.2　婴儿出生

十月怀胎，瓜熟蒂落，这是人类社会最普通的现象了。当人
类的一颗种子（或者基因改造过的受精卵）在母亲的子宫里生根
发芽，吸取营养，到了 38 周前后就自然会分娩，于是婴儿出生了，
所以孩子是从妈妈的肚子里生出来的自然是人类的常识了。

然而，人类已经在研究人造子宫或者说人工智能子宫了。最
近有报道称科学家在研究"人工智能保姆"（AI Nanny），希望
用人工智能系统连着的人造子宫来养育受精卵胚胎，给胎儿更好
的营养供给和舒适环境。尽管在伦理上可能会存在一定的争议，
但是对错过了育龄期的高龄妇女，或者受过伤害、动过手术无法
生育的妇女来说，这应该是一个福音。

在"6G+"时代，母亲可以选择在自己的肚子里面孕育孩子，
体会母子连心的感受，也可以选择"人工智能保姆"来替代自己
孕育孩子，人工智能保姆如图 9-3 所示。

图 9-3　人工智能保姆
图片来源自互联网

9.3.3 贴心的机器人保姆

先看看三组目前已有的机器人。

1. 日本三菱重工的"若丸"

2005年,日本三菱重工在日本国际博览会上展出了一款身高100cm,直径45cm,体重30kg的机器人,取名为"若丸"。"若丸"在当时已经被誉为"非常聪明",可以记住一万个单词,识别十张面孔,和家人进行简单的对话。三菱重工的"若丸"机器人如图9-4所示。

图9-4 "若丸"机器人

图片来源自互联网

2. 软银公司的 Pepper 机器人

日本软银公司在2014年6月5日的软银供应链大会上,孙正义董事长发布了一款身高121cm的Pepper机器人,可以利用胸前的iPad进行各种语言对话。许多商店用其进行产品介绍,一些公司的前台也使用了Pepper,一时间Pepper在日本掀起了一个机器人的小高潮。软银公司的Pepper机器人如图9-5所示。

图 9-5　Pepper 机器人
图片来源自互联网

3. Cloud Minds 的穿针引线的机器人

2019 年 10 月在洛杉矶的世界移动大会（MWC）上 Cloud Minds 公司发布了一款利用"5G+AI+ 云计算"，具有柔性手臂，可以穿针引线、端茶倒水的机器人，标志着机器人可以进入人类家庭生活。

Cloud Minds 的穿针引线的机器人如图 9-6 所示。

图 9-6　穿针引线的机器人
图片来源自 Cloud Minds 公司

以上的机器人已经问世，人们可以购买使用，那么未来的机器人呢?

4. "6G+" 时代的温馨保姆

"6G+" 时代的家庭机器人应该可以做大部分的家务，从保洁卫生，到洗衣做饭，特别是照顾婴儿方面也一定可以得心应手，可以逗婴儿玩，可以教婴儿牙牙学语，实现从保姆机器人到机器人保姆的进化，而人类则可以从这些繁重的家务中解脱出来，尽情享受时代人生和快乐生活。机器人保姆如图 9-7 所示。

图 9-7　机器人保姆

图片来源自互联网

我们人类的皮肤上布满了神经，所以可以获得冷热痛痒和松紧的各种感觉以获得反馈。那么如何能让机器人成为温馨体贴的保姆呢？除了观察其面部表情以外，其中一个关键也是反馈，就是让机器人感知到对方的感受，比如说是不是把婴儿抱得太紧了，只要这些婴儿的体验感受反馈到机器人那里的话，机器人的手臂就可以进行调整，做得像人类保姆一样的体贴了。随着柔性电子、生物电子科技的发展，人类或许可以给婴儿穿上柔性传感内衣来感知其感受。其实最便捷的方法，还是获取脑内的信息，通过高精度的湿件来精确获取脑部信号，得知对方的反馈。当然像一些神经式的反应等，可能需要别的途径获取反馈。

9.3.4　儿童时代的学习

有的学生可能会觉得学习很枯燥无味，在老师填鸭式灌输知识的方法下根本学不进，记不住那么多东西。在通信技术高度发达的现在，依靠计算机或 iPad，远程学习已经完全可以实现。

从 5G 时代开始，6G、"6G+"时代的学习，沉浸式虚拟学习也会变得非常普通，学生可以进入各种知识的场景去玩耍，同时学习吸收对自然的感知和认识，学习变得不再枯燥无味。

比如学习重力的时候，学生可以在虚拟现实中见到比萨斜塔，自己去扔下铁球看看落地的时间等。未来的虚拟学习环境如图 9-8 所示。

图 9-8　未来的虚拟学习环境
图片来源自互联网

当然"6G+"时代的技术还会对学生进行智慧的、激发灵感的辅助，对于一些需要死记硬背的知识，只需要通过湿件将其下载到脑神经里面（美其名曰：灵感辅助），就可以使得学生记住了。

期待人类在"6G+"时代的学习变得轻松。

9.3.5　暗送脑波的恋爱表白

当年轻的男女相见时，有时候会互相欣赏而一见钟情，但碍于在众人面前，无法用言语直接表达。在中文中有"暗送秋波"的成语，元末明初的罗贯中在《三国演义》中写有："吕布欣喜无限，频以目视貂蝉。貂蝉亦以秋波送情。"

如果貂蝉生活在"6G+"时代的话，或许不再需要这样的暗送秋波，而改为暗送脑波，直接通过灵感网就可以向吕布"表白"了。

9.3.6 虚拟接触与虚拟灵感性爱

当人体脑联网进化，虚拟接触也成为现实的时候，让人们分不清现实接触感觉和虚拟接触感觉的应用也会越来越多。

当有人认为现实的恋爱太麻烦了，当情侣、夫妻由于远距离分开的时候，虚拟接触可以使得距离消失，虚拟灵感性爱同样会让大脑分泌大量的多巴胺和荷尔蒙等化学物质，即所谓的脑内快乐物质，从而达到现实的肌肤相亲的感觉。

9.3.7 高效率的生活

人只要活着，衣食住行哪一样都少不了，古代如此，当今一样，未来呢？

1. 体内光合作用：不是为了吃的聚餐

人类从嘴巴进食，通过牙齿的咀嚼，把食物送到了胃里消化，之后通过肠道吸收营养成分，维持人体活动所需要的能量，从古到今均是如此。然而科学技术的发展可能会推翻这些传统的生活习惯。

营养的吸收方式就是通过静脉注射把人体需要的营养送入体内，通过分子机器人一次输送许多营养物质进入人体内，根据人体营养消耗情况，随时供给人体需要，使人可以一周、一个月不吃饭也能照样活动。

通过体联网把外部能量传递到人体内部的感应器件直接发光，把人体静脉中的二氧化碳直接通过光合作用，产生氧气和含有营养的有机物，在人体内部自产自销。

那么，人们出去吃饭、聚餐其实就是一种社会性的社交活动，其目的就是为了和同类沟通、交流、获取信息、共享灵感、八卦八卦其口才，享受其人生的快乐。

2. 平流层悬浮楼盘与海上别墅

现在北上广深的住房确实很贵，让许多婚龄的年轻人望而止步。"6G+"时代的住房会是什么样的呢？除了地面的住宅以外，还可能出现两种住宅。

（1）平流层悬浮楼盘。在距离地面20km的上空，建设悬浮楼盘，利用太阳能发电维持楼盘的悬浮和固定，在平流层楼房里面人们可以充分享受阳光。如果你买了这样的楼盘，需要使用空中电梯或者飞行汽车才能回家。

（2）海上别墅。随着人类人口超过100亿，地面的住宅会越来越稀少，人类将开拓海上的住宅，在海面上建立起上百公里的"浮地"，在这样的"浮地"上建设的各种小区和别墅也会越来越多，通过海水淡化装置和波浪发电与太阳能发电可以满足人类在海上别墅中的优雅生活。

不知道什么样的房地产公司去开发这样的住宅，这样的楼盘的价格又会如何呢？

3. 全息人无处不在

在新型冠状病毒流行期间，各种远程视频会议变得越来越普遍，美国的Zoom公司因此股票大涨。相信不少读者都用过

Zoom 或者腾讯会议等软件。

而"6G+"时代的远程视频会议就可能都是远程全息会议了，当你老板的全息人影像活生生地坐在你对面，看着你的眼睛问你问题的时候，或许会让你倍感紧张。

读者可以试想一下，如果会议室内两个全息人相遇，会发生什么情况呢？

9.3.8　人活 500 岁、600 岁不算长寿，千岁爷、千岁婆到处都是

在医学、医药、遗传工程、再生医疗、分子医疗机器人、病毒型治疗机器人高度发达的时代，人类的老化和疾病基本可以得到预防（但可能还是需要购买疾病预防保险的），通过人脑感应网也可以调节平时的压力，让人每天都身心舒畅。如果可以实现90% 的疾病预防的话，估计人类的平均寿命在 600 岁，如果 99% 的疾病可以预防，可以减缓或修复老化，或用 iPS 细胞培育替换器官，加上 DNA 端粒复位技术的应用，那么人类的平均寿命会超过 1000 岁。那个时候，千岁爷、千岁婆到处都是了，后续可能出现不少万岁爷，还有万岁婆，也许万寿无疆也是近在眼前了。

本节小结："6G+"时代人类的生活会彻底改变。

9.4　看看那时候人类的内心世界

常常听到这样的说法：说了那么多，你心里到底是怎么想的呢？也有年轻的恋人在吵架时会说：你的心离我越来越远了！

日常生活中，有的病人看来看去也看不出什么毛病，最后被医生告知：脑和神经没有问题，估计是"心病"。

我们人活在世上，需要身心健康。身很好理解，就是指我们的身体，即四肢和躯干构成的肉体，那么"心病"的心是什么呢？笔者推测大概是指心理、内心之类的。

9.4.1　心思是什么

心除了人体的心脏之外，更多的是指人的所有的感觉、知觉以及智慧、心情之类的精神意识，也包含了人的直觉、情感或思考的过程，比如"心病""心结"这样的说法，笔者认为"心"有关的词大部分应该和脑神经活动关联。当然也有一些像肌肉记忆、习惯性动作等不一定和脑关联，人们也会用"无意识"来表达，也就是根本不用脑来想就做出的反应。或许脑神经的"有意识"和其他的器官或组织的"无意识"构成了人的"心"或"心思"。

9.4.2　未来通信与敞开心扉

如果要敞开心扉，其实光有脑机接口可能还不完美，还需要量化人体的许多"无意识"，使得这些量化后的"无意识"可以通过数据的形式来表达，在未来"6G+"的时代这些数据得以通信互传，交流沟通，那么未来"只能意会不能言传"就可以变成死语了。

希望未来的人类，特别是大国领导人之间都能心心相连，息息相通，缔造地球村的和平。

本节小结：利用技术来打开心扉，缔造和平。

9.5 建设太阳系

9.5.1 嫦娥奔月与广寒宫

"嫦娥奔月云台山,民间故事千古传。天上人间相望时,自云妾是月中仙",嫦娥云台山寒亭奔月的故事流传至今。目前美国、俄罗斯、中国、欧盟均有能力发射宇航船登陆月球,而且印度、日本、韩国等也会在不久之后具有这样的能力。月球上的版图划分,资源开采也会很快开始,月球的背面是不是有外星人的基地也会被揭晓,人类未来建设的"广寒宫""大汉宫",或者是"月星级酒店""月球拉斯维加斯赌场"预计也会相继出炉。

嫦娥奔月不再是传说,而会是现实,也许也会有小张奔月,小王奔月,佐藤小姐奔月,路易斯奔月……

就像传说后羿成为射日英雄后由于对嫦娥有不忠行为,引起嫦娥不悦,奔月而去那样,或许也有女友心里不快的时候,离开地球去月球上的酒店小住几天,气气男友。也有大款、赌豪可能厌倦了拉斯维加斯,澳门的"地气",去月球赌场换换手气。

当然月球的诸多基地会是人类去往太阳系其他星球时的驿站,为人类提供中转和补给。

9.5.2 改造火星与金星

改造行星,英文是 terraforming,是要把行星的大气以及大气构成温度、行星表面的地形、行星的生态等因素通过人工的改造,变成和地球相似的环境,以适合人类活动、居住和生活,即地球化,图 9-9 为火星的外貌。

图 9-9　火星的外貌

图片来源自互联网

改造火星会是人类开发太阳系其他行星的第一站，需要加热火星大气，在火星大气内产生大量的二氧化碳气体。预计可以用下述方法实现：

（1）把地球上的过剩的二氧化碳，制成干冰大量运往火星。

（2）挖掘火星上的矿产资源，最好是化石燃料，在火星表面燃烧加热，释放出二氧化碳。

（3）利用未来的"逆光合作用"技术和火星上的水，在火星上进行"逆光合"产生二氧化碳。

（4）利用抗高温的新型金星吸气飞船，把金星上过剩的二氧化碳运往火星。

（5）可以建设"金星 - 火星 二氧化碳运气管道"，简称"金火二号"（是不是有点类似北溪二号），当然这需要花大量成本，不过这应该是人类共同的生态事业，"6G+"时代的地球国际合作。

（6）利用成型的托卡马克装置产生巨大的热量，加热火星上的物质，产生大量的温室气体。

　　一般来说改造行星需要非常长的时间，但是在人类未来技术高度发达的基础上，可以指数式地缩短改造时间。

　　在火星改造完成之前，马斯克的计划中的火星移民无法自由自在地在火星上生活，只有在火星基本改造完成后，马斯克的火星移民设想才可以实现，而且是舒适地实现。那时候地球上的人类就有"去火星上侄子家看看""去火星看看孙子"等说法了。当然通过"火星 - 地球的空中光纤"进行全息交流是最方便的。

　　金星在中国叫太白金星，也叫启明星，如图9-10所示。金星在英文中有一个美丽的名字：Venus，源自罗马神话爱与美的女神维纳斯。

图9-10　金星的外貌
图片来源自互联网

　　改造灼热的金星则需要采取和改造火星相反的方式，即降温。

　　除了把金星大气层中96%的二氧化碳抽走（送往火星等）的方法以外，还可以通过制造巨大的，覆盖金星大气面向太阳一面的太阳光隔断面，以阻止太阳光对金星的照射。这样的隔断面可以是太阳能面板，一方面隔阻太阳对金星的阳光，另一方面可以发电。

也许，某一天人类就可以去爱与美的女神维纳斯星球看看其美丽，体验一下太阳从西边升起，从东边落下的感觉。

9.5.3　开垦八大行星，木卫的旅游

人类自然不会光满足火星和金星的开发和移民，托卡马克核聚变装置成熟和小型化之后的人类已经可以制造飞船，在太阳系内自由探索了。像郑和下西洋、哥伦布发现美洲大陆一样，好奇的人类在开启"6G+"时代的太阳系大航行。

在人类改造火星和金星之后，抑或在改造的过程中，地球的邻居木星可能是人类非常感兴趣的地方（如图 9-11 所示）。不光是由于木星有 79 个卫星在绕行，笔者认为还是因为木星大气的成分里有大量的氢，以及一部分的氦，有可能藏有托卡马克核聚变所需要的原料。

图 9-11　木星的外貌

图片来源自互联网

　　当然那么多的木星卫星，对于人类来说，就是莫大的旅游资源了。那时候的富翁出几百万美元或许可以去木星看看那美丽的光环或者巨大无比的大红斑，图 9-12 为木星光环。

图 9-12　木星的光环

图片来源自互联网

9.5.4　太阳系高速通信网的建设

　　随着人类足迹遍布越来越多的行星，开发行星也是人类必然的行为，在太阳系内的行星各处，人类依然需要和地球总部进行通信；太阳系高速通信网（Solar Super Highway）的计划是非常有必要的，希望未来超光速的中微子通信可以实现，人类可以自由自在地在太阳系内通信，交换信息。

　　随着人类移民行星产生进展，各行星开发的程度不同、资源的不同，或许会导致太阳系一带一路的计划呼之即出。

　　虽然不知道地球上的人类是不是从火星过来的，但是笔者相信地球上的人类后裔有朝一日会移民火星、金星甚至木星或其卫星，那时候会出现火星人、金星人、木星人或木卫人等人类的后裔。

本节小结：改造，建设更好的太阳系是未来人类共同的责任。

9.6　保护太阳系

9.6.1　恐龙灭绝

根据考古学家推测，恐龙曾经是地球上的霸王，统治着地球达 2 亿年之长的时间，而那个时代还没有人属动物，只有一些类似老鼠或黄鼠狼的哺乳类动物。然而在距今 6600 万年之前，有一颗被当今考古学家称为希克苏鲁伯的陨石撞击了地球，冲击造成的大量碎片致使尘埃满天，暗无天日，还有可能是酸雨连绵，恐龙就这么灭绝了。

恐龙灭绝或许还有别的理由，目前大多数考古学家认为主要是由于陨石撞击地球导致了恐龙的灭绝，如图 9-13 所示。

图 9-13　恐龙灭绝

图片来源自互联网

9.6.2 幸运的人类和地球防卫

在过去的 6600 万年时间内，地球算是幸运的，没有大的毁灭性的陨石冲击这个行星，幸运地演化出了各种动植物，也幸运地在数百万年的时间内诞生了人属动物，继而进化成了人类这个智慧的物种。其实包含我们地球在内的太阳系，布满了各种各样的小天体和彗星云，如图 9-14 所示。

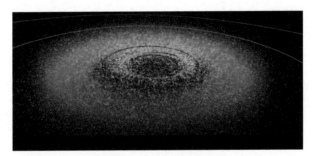

图 9-14 小天体和彗星云
图片来源自美国宇航局 NASA 网站

离地球近的许多小天体也可能撞击地球，给人类带来毁灭性的灾难。

NASA 把离地球 3000 万英里之内的，大小比足球场大的小天体称为"近地物体"（Near Earth Object，NEO），因为这样的"近地物体"如果冲向地球的话，在大气摩擦燃烧过程中，不能完全燃烧殆尽，会留有一定的质量，高速撞击地球。

NASA 在 2021 年启动了"地球防卫"（Planetary Defense）计划，开始监视所有的"近地物体"，并开始以人工物体撞击"近地物体"以改变"近地物体"轨迹的试验。如何避免陨石撞击地球，保护人类这个家园终究是国际社会共同的命题。

9.6.3 太阳系卫士

地球与月球的距离大约是 38 万公里，与金星的距离大约是 5000 万公里，与火星的距离在 6000 万公里到 4 亿公里之间，而地球与木星的距离则在 8 亿公里左右，当然还有土星等距离更远的行星，不管再远，这些星球都是太阳系的成员，人类地球的邻居。未来随着人类的足迹到达这些星球，自然要采取防止陨石撞击一样的防卫措施，然而除了防止陨石撞击之外，更需要监控太阳系外的来客，太阳系卫士计划在未来有望启动。

宇宙巡逻航空母舰这样巨大的飞船在距离太阳 100 天文学单位（Astronomy Unit，AU，为 1.5 亿公里，即地球到太阳的距离），约 150 亿公里的边际上，在零下 200 度的黑暗的太阳系边际游弋巡逻，时刻监视着类似奥陌陌这样的来自太阳系之外的来犯之敌，图 9-15 为宇宙巡逻航空母舰。

图 9-15　宇宙巡逻航空母舰

图片来源自互联网

9.6.4 太阳系边际探索站

与此同时，人类的眼光已经在瞄向太阳系之外，大量的哈勃型、韦伯型太阳系边际探测站会布置在 100 到 1000 个天文学单位或者几千个天文学单位的广阔空间内，探测太阳系外的一切，向地球、火星等行星上的人类传递着探测到的一切，图 9-16 为太阳系边际探索站。

图 9-16 太阳系边际探索站
图片来源自"姿势分子 knowledge"

笔者认为"6G+"时代的人类迟早会向银河系迈出一步，因为那里有着 1000 亿到 4000 亿颗恒星，人类没有理由不好奇，没有理由不去继续探索，如图 9-17 所示。

图 9-17 "6G+"的探索

图片来源自互联网

本节小结：保护好太阳系，面向银河系，触及太阳系外的神秘是未来人类的愿望。

第 10 章

高超的沟通方式
如何赋能人类

"你从哪里来，要到哪里去"，从新型冠状病毒流行期间封闭小区的保安口中说出了如此高深的哲学命题，仿佛在寻找人类生命的终极意义。"人类生命的真谛是什么？"在人类文明进化的里程中，不少仁者贤士，学者大师，宗教领袖一直在探索这样的"人类的命运和生命的意义"。

19世纪的德国哲学家尼采曾经说过："人是神的失败之作，还是神是人的失败之作呢？"

同为19世纪的德国哲学家黑格尔认为："人不是神所创造的，神是人创造的！"

最后章的前奏：

这两年，新型冠状病毒在全球的肆虐确实给人类带来了巨大的挑战，那么病毒会不会淘汰人类呢？病毒也好，人类也好都是大自然一个物种而已。毕竟十几万年，几十万年，几百万年对于这个作为人类的摇篮的地球的演进历史来说只是一眨眼的功夫，其实相对于46亿年来说，这些时间或许连眨眼的功夫都没有。一个物种被淘汰其实也是很普通的，就像恐龙在7500万年前从地球上消失一般。

当然从类似病毒的物种，经过40亿年进化而成的人类，还是不愿意接受智慧的人类败于病毒而被自然界淘汰的说法。

但是，可怕的是，人类已经拥有了自己消灭自己的本领——核武器。

就像爱因斯坦说的："我不知道第三次世界大战用什么武器，但是我敢肯定的是第四次世界大战一定是以木棍和石头为武器的。"

人类不应该互相围堵，互相抵制，而是应该协力合作，共同来对抗人类生命的公共卫生危机。

当然，人类更不应该自己毁灭自己。

万物之灵的人类在超高超的沟通方式下实现新技术突破，创新会以指数式或阶乘式地快速出现。

出于期望，笔者再次做以下几个大胆设想。

10.1　未来设想 1：纳米传感器的出现与应用

利用纳米传感器，人类可以进入到任何的动植物的肌体组织中观察和收集信息。那么如下的现象可能会发生：

10.1.1　动物界网的出现

如果人类的细微纳米传感器可以时刻收集到动物的各种体征数据的话，那么会不会出现狗联网、牛联网、马联网呢？

10.1.2　人类与其他动物的沟通

解析动物的脑波，利用大数据、AI 的分析，人类或许可以读懂（或者理解）动物的思维，那么人类是不是就可以和家里的宠物进行沟通了呢？比如宠物狗饿的时候，人们的手机或者全息类终端设备，如全息眼镜或意识脑波上会显示宠物甜美的声音：我饿了！

假如人类可以理解蚂蚁的思维，或者蚂蚁的集体思维，那么是不是可以提前预知地震等自然灾害呢？当然那时候的建筑应该足以抵挡九级或十级地震了，或许人类利用别的科技也早可以预测地震的发生了。

10.1.3 人类可否与植物沟通

假如人类可以和蚂蚁等动物进行意识沟通的话，那么可否与植物进行沟通呢？比如能否和大麦、水稻、森林树木进行某种意识上的沟通呢？如果真像神话中描绘的"大树有灵"等，这些信息是否均可变为未来虚拟现实中"万物体感网"的信息呢。

当然笔者更希望，人类可以利用这样的沟通技术，提高产量，为人类的繁衍、繁荣做出贡献，当然人类可以利用这些技术有效地在太阳系中控制数字种植水稻玉米等。

10.2 未来设想 2：繁衍方式决定文明的延续方式

10.2.1 如何繁衍后代

生物的本能是繁衍后代，病毒一样，人类也一样。

目前人类的两性繁衍方式就是雄性的精子和雌性的卵子结合后诞生后代。

这里设想未来除此以外或许还有如下方式：

10.2.2　单性生殖繁衍方式

在未来技术的情况下（或许当下也有如此技术），人类可选择单性生殖，利用 IPS 技术不需要生殖交配，直接复制出婴儿。笔者好奇地推测利用这样的技术是否可以让尼安德特人、北京猿人复原呢？

当然，单性生殖和克隆技术在社会伦理问题上还需要好好讨论。

10.2.3　多性生殖繁衍方式

然而笔者更倾向于多性生殖的繁衍方式。

举一个例子，三性生殖——雄性、雌性、味性。

未来或许会有 3 种人——男人、女人和味人。只有这 3 种人的联合生殖诞生的下一代才能继续生殖再下一代！

当然这只是一种突发奇想而已，只是期待人类能有更协调、更和平的社会形态和社会心态，因为二虎易相争，只有三方相悦方能诞生后代，繁衍生息，人类基本上会习惯协调，而不是争霸！

10.3　未来设想 3：AI 进化

10.3.1　AI 进化和奇点的到达

"6G+"时代的巨量的数据积累，激发了 AI 的突飞猛进，许多人预测 2045 年前后人工智能已经可以进化到奇点（Singularity）了。那么到达奇点后的人工智能会全方位协助人类的发展，或许人类也会把许多特权让给 AI，无论是自愿也好，还是被迫也好，我想人类都会接受，也不得不接受。关于 AI 奇点，读者有机会可以细读由清华大学出版社出版的《AI 成神之日》，如图 10-1 所示。

图 10-1　《AI 成神之日》
图片来源自清华大学出版社官网

10.3.2　人类如何驱使 AI

高度发达的人工智能网和可以进行心灵感应的人类大脑的脑际网紧密连接，一边诉求着人的需求，同时 AI 在不断地探索，AI 与脑际网融为一体，互相协作。到达奇点的 AI 会更好地为人类服务，也时刻和脑际网沟通交流着，既然 AI 与人类大脑已经融为一体，那么 AI 即便醒悟，又如何淘汰人类？

10.4　未来设想 4：打开生命的密码

10.4.1　说说癌细胞

癌细胞是一种与正常人体细胞不同的变异细胞，奇特的是癌细胞可以永恒地复制。如果人得了癌症的话，其癌细胞就会吸取人体营养后无穷地增殖，进而破坏其他器官或组织引起人体不适或死亡。癌细胞的 DNA 复制是无损复制，而正常的人体细胞（体细胞）的复制是有损复制，这就是人体细胞随着年龄的增长会衰老，而癌细胞却可以永葆青春的原因。癌细胞的机理说不定和长生不老的秘密只是一步之遥。有兴趣的读者还可以去了解生殖细胞的特性，生殖细胞和体细胞不一样，可以复位，从出生的婴儿开始重新进行细胞的复制，目前为止人类就是通过生殖细胞的生物性把自己的遗传基因复制到下一代身上，父而子，子而孙地一代一代繁衍生息着。所以人类进化出生殖细胞的复位功能其实就是为了实现"种的保存"，而非"个体的保存"。如果人类可以把生殖细胞的复位功能赋能到体细胞中的话，说不定可以实现寿命循环，周而复始。

10.4.2 生命的轮回与永恒

生命的衰老，除了细胞的复制以外，还有各种器官的老化，据说人一生的心跳总次数在 20 亿次左右，未来人类技术的进步到可以修改人体基因，可以改变人的心脏跳动总次数和人体细胞分裂次数，以及 DNA 的复制方式，当然还有各种器官的遗传基因，可以控制细胞分裂，弱化细胞复制，抑制人体的衰老，降低代谢速度。或者可以使得人体在衰老到一定年岁后，逆向年轻化，再次老龄化……周而复始，换言之，人类自己可以修改"上帝的密码"，极度延长寿命，乃至达到长生不老的永生。

其实人类如果可以制造出逆时间系统的话，最简单的方式就是到了一定年龄的老人，可以进行一次反物质系统的时间旅游，在逆时间系统里面，由于时间是逆向的，或许老人到了那里会越活越年轻，到了幼儿、婴儿时代再返回到地球这个正物质世界继续慢慢发育、成长，这就似乎轻而易举地可以实现生命的轮回和永恒。

10.4.3　意识上的长生不老——灵魂出窍

除了个体的长生不老之外，人类其实在"6G+"时代利用高度发达的云存储系统，和五感互联网以及脑机结合技术可以轻松达到对人的意识的复制和保存，即长生不老，达到灵魂的永恒。具体做法就是利用湿件（Wetware）实时地，定期或不定期地把人的大脑的记忆，包括情感等信息复制到云存储系统里面保存，万一此人经历了个体上的死亡之后，其意识依然在 ICT 系统里面，人们可以随时"唤醒"之。当然一个人的大脑有 1000 亿个脑细胞，按照一秒保存一次的速度的话，一年的存储量大约就是 1000 亿 $\times 365 \times 24 \times 60 \times 60/8bit$ 约为 4.48 万 TB 的大小。这样人类也就真正实现了"灵魂出窍"。

现在的计算机大多是 64 位的操作系统，有兴趣的读者可以去推算一下，未来连接大脑的湿件（Wetware）接口的计算机（姑且叫计算机）应该是多少位的操作系统才能支持这样的快速复制呢？

10.5　未来设想 5：更大的能量

当可控核聚变的托卡马克已经不能满足人类巨额能量消耗的时候，人类需要新的更加高效的能量获取方式。笔者认为答案是：

可控正反物质湮灭反应堆，如图 10-2 所示。

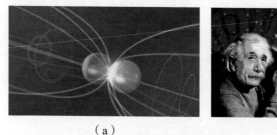

（a）　　　　　　　　　　　（b）

图 10-2　更高效的能量获取方式

图片来源自互联网

根据爱因斯坦的质能公式 $E=m \times c^2$ 的计算，1 克正反物质湮灭反应后能够产生约 9000 万兆焦耳的能量，相当于 2000 万吨 TNT 炸药能量，$E=mc^2=0.001\text{kg} \times（30\ 0000\ 000\text{m/s}）^2=900$ 亿千焦 =9000 万兆焦，1 吨 TNT 炸药爆炸释放的能量约为 4183 兆焦，9000 万 ÷4180=2152 万，故 1 克质量正反物质湮灭反应完全转化成能量相当于 2152 万吨 TNT 炸药爆炸释放的能量，那是一个什么样的规模呢？举个例子，1945 年 8 月，美军在日本长崎投下了一枚代号胖子的原子弹，大约是 2 万吨的 TNT 炸药爆炸时的当量。

可以看出 1 克正反物质湮灭反应完全转换成能量相当于 1000 个胖子原子弹。

未来的人类就会如同勘探石油一样，走出太阳系到银河系以及更广阔的宇宙星际去淘金，勘探和挖掘反物质。

而这一切需要更快的宇宙飞船！

10.6 未来设想6：元材料的突破与高速飞船

10.6.1 引力场与黑暗物质的利用

就像人类利用电磁场来通信一样，未来或许也会发明许多引力场的应用场景，比如说引力场通信，因为引力场的作用范围非常大，或许未来适用于星际间的通信。

黑暗物质、黑暗能量在宇宙中存在有一定比例，如何探秘这些黑暗物质和能量也是科学家们的目标，看不见摸不着并不等于不存在，就像当时麦克斯韦预言电磁场的存在一样，那时候很少有人相信，直到赫兹证明之。

10.6.2 反引力飞船

超耐高温，超耐高压的元材料（Meta Material）的突破，正反物质反应堆的小型化的实现，以及反引力装置的出现，使得人类可以建造出类似飞碟（UFO）的高速宇宙飞船，并且可以接近光速飞行，这就是人类的反重力飞船。

反引力飞船可以理解为利用叫作元材料的新型可控极性材料，利用小型化的正反物质反应堆的能量控制其极性，从而产生反引力效果进行高速飞行，并且可以在消除惯性的情况下，随意控制飞行方向。

当然也有科学家在研究如何产生新的时空，让飞船至新的时空中飞行，如图 10-3 所示。

图 10-3　飞行的飞船

图片来源自互联网

10.7　未来设想 7：极致的掌握和控制

10.7.1　什么是极短时间

毛泽东主席在《水调歌头·重上井冈山》中写到：三十八年过去，弹指一挥间。宋代有诗曰：一微尘里三千界，半刹那间八万春，如是往来如是住，不知谁主又谁宾。弹指间，一刹那都是在指非常短的时间，那么按照现代人类熟悉的计量单位来说，到底是多少秒呢？根据《僧之律》记载，一刹那者为一念，二十念为一瞬，二十瞬为一弹指，二十弹指为一罗预，二十罗预为一须臾，一日一夜有三十个须臾。一昼夜有 24 小时，即 86400 秒，可以计算出来：一弹指为 7.2 秒，一刹那为 0.018 秒。三十八年过去了，在毛泽东主席的思维中只是短短几秒钟时间而已，可见其气魄之大。

现代社会中我们有毫秒（1秒的1000分之一），微秒（1豪秒的1000分之一），纳秒（1微秒的1000分之一），皮秒（1纳秒的1000分之一，即一万亿分之一秒）。

那么自然界中还有没有更短的时间呢？其实是有的，那就是10^{-44}秒，现代物理学家把它叫作普朗克时间：5.39×10^{-44}s。这是目前人类科学所认知的最短时间尺寸了。

10.7.2 说说大数——功德无量佛法无边与穿越虫洞

在唐代唐玄奘的《大唐西域记》里面记载有洛叉和俱胝的计量，洛叉为百千（10^5），俱胝为千万（10^7）。

如果你修行到功德无量的话，那是多少呢？在佛经里面的无量用现代数学来表示的话，就是：10的（2.8×10^{32}）次方，即$10^{2.8 \times 10^{32}}$。

再厉害的人的修行的功德大概就到此为顶了。

那么佛呢？佛经里面所说的佛法无边又是多少呢？

无边用现代数学来表示的话，就是：10的（1.1×10^{33}）次方，即$10^{1.1 \times 10^{33}}$。

从数字上看，功德无量的人，和佛法无边的佛其实也只差一小步之遥。然而这一步却是常人无法逾越的。

还记得美国宇航员尼尔·奥尔登·阿姆斯特朗（Neil Alden Armstrong）登上月球时的名言：这是个人的一小步，却是人类的一大步！

这么看来只要人类努力，逾越这一步是可以实现的。

那么，假如收集无量或无边的能量，人类可以做什么呢？

如果可以收集10万年太阳的能量，集中在一起瞬间利用的话大概可以打开大约一米大的虫洞（Warmhole），这个虫洞可以让一个人完整地穿越到另外一个宇宙，假如有另一个宇宙的话，无论是平行宇宙还是环套宇宙，图10-4为虫洞。

图 10-4　虫洞
图片来源自互联网

10.8　人类创造宇宙奇点

138亿年前，于混沌之中，从无到有（一种解释是：有了正的也有了反的，合起来还是无），发生了一次大爆炸，由此诞生了初始的极高温的宇宙，随即也诞生了时间和空间。随着初始宇宙温度的降低，由能量诞生了夸克、粒子、原子、分子、之后诞生了恒星等。从我们生活的地球，到太阳系，到银河系，到本超星系团，这是目前我们所认知的宇宙的起源。

相比浩瀚的星空，我们人类是如此之渺小，但是通过沟通，交流，使得我们拥有了文明，创造着文明，发展着文明。

文明的进化其实可以说一直围绕着能量的利用，笔者认为在单位时间内使用能量越多基本上意味着文明越先进。

更多的能量收集与利用会发生在哪里呢？

如果可以收集无量或无边的能量，在瞬间内释放的话，或许，人类可以实现超新星爆发。

如果可以收集无量的无边阶乘的能量，并且在一个普朗克时间内释放的话，或许，人类可以实现人工集中量子涨落，创造从无到有，就像催化剂一样诱发宇宙初始奇点的发生，即新的宇宙大爆发（BigBang）。

那么，这意味着：人类可以创造新的宇宙！

图 10-5 为人类宇宙奇点——人工诱发（笔者作图）

图 10-5　宇宙奇点

如能实现之，那么人类就变成了神类。

结　束　语

　　笔者在日本的 IT、CT 公司工作十年，最近十年服务于中国的通信厂商。笔者回顾最近几年中美围绕 5G 的科技竞争和其他冲突，在新型冠状病毒全球蔓延迟迟未能结束的 2021 年，思索着自己从事的通信事业的本质到底是什么，居于灵长类动物顶端的我们已经有能力在某种程度上改变这个物理世界，也已经创造了另外一个虚拟世界，那么随着科技的进步，随着人类沟通效率的进一步发展，例如目前的 5G 通信，和近在眼前的 6G，以及之后的幻想中的未来 7G、8G 时代等，这些十年一代的无线通信技术和其他各种科技的演进（在本书中把 6G 之后统称为"6G+"，代表那个时代），那么人类的感知能力，人类的探索能力又会面临什么样的愿景呢？

　　本着地球一村皆为亲的愿望，期待高超的未来通信技术能够给予人类高超的沟通能力，使得人类社会能够更加和谐，人类生活更加美好灿烂，人类可以共同探索更加广阔的未知空间。笔者斗胆于 2021 年底开始将通信技术结合沟通和交流发展史，写下此拙文，由于本人才疏学浅，水平有限，书中不当之处还请读者给予谅解并多多指教。